典型城市空气质量达标及碳排放达峰路径研究

薄宇 孙世达 郭燕妮 贺克斌 著

电子工业出版社
Publishing House of Electronics Industry
北京·BEIJING

内 容 简 介

当前，我国面临着空气污染和气候变化的双重挑战，城市层级空气污染治理的政策体系已相对完善，但开展空气质量达标和碳排放达峰（以下简称"双达"）协同规划的城市仍然很少。本书建立了城市尺度温室气体和大气污染物排放清单编制方法，在此基础上提出了空气质量目标导向下城市"双达"的协同分析框架，同时选取郑州市、石家庄市、湖州市作为典型案例，阐述了城市"双达"的路径和策略。为实现城市"双达"目标，除末端控制措施外，必须进行能源、产业和运输结构的深度调整，能源绿色转型和落后产能淘汰具有较为显著的协同效益，在决策中应优先考虑。本书给出的方法框架、分析示例与政策建议，可为城市"双达"实践提供研究参考和决策依据。

未经许可，不得以任何方式复制或抄袭本书之部分或全部内容。
版权所有，侵权必究。

图书在版编目（CIP）数据

典型城市空气质量达标及碳排放达峰路径研究/薄宇等著．—北京：电子工业出版社，2023.1
ISBN 978-7-121-44565-1

Ⅰ．①典… Ⅱ．①薄… Ⅲ．①城市—空气质量标准—研究—中国②城市—二氧化碳—排气—研究—中国 Ⅳ．① X51

中国版本图书馆 CIP 数据核字（2022）第 218365 号

责任编辑：李　敏
印　　刷：北京天宇星印刷厂
装　　订：北京天宇星印刷厂
出版发行：电子工业出版社
　　　　　北京市海淀区万寿路 173 信箱　邮编：100036
开　　本：720×1 000　1/16　印张：9.5　字数：152 千字
版　　次：2023 年 1 月第 1 版
印　　次：2023 年 1 月第 1 次印刷
定　　价：99.00 元

凡所购买电子工业出版社图书有缺损问题，请向购买书店调换。若书店售缺，请与本社发行部联系，联系及邮购电话：（010）88254888，88258888。

质量投诉请发邮件至 zlts@phei.com.cn，盗版侵权举报请发邮件至 dbqq@phei.com.cn。
本书咨询联系方式：（010）88254753 或 limin@phei.com.cn。

前言

随着国务院发布的《大气污染防治行动计划》和《打赢蓝天保卫战三年行动计划》先后实施,近年来我国的环境空气质量明显改善,但不少城市的大气污染程度仍处于高位。同时,我国也是全球第一的碳排放大国,且社会经济处在中高速发展阶段,高碳的能源结构与产业结构给碳减排带来了巨大压力。在可持续发展进程中,我国应如何统筹应对空气污染与气候变化的双重挑战,是亟待解决的问题。

2020 年 9 月,习近平主席在第七十五届联合国大会一般性辩论上宣布,中国力争 2030 年前实现二氧化碳排放达峰,努力争取 2060 年前实现碳中和(以下简称"双碳")。这一重大战略目标的提出不仅为社会经济高水平发展指明了方向,也为统筹大气污染防治和温室气体减排提供了基本遵循。在此基础上,生态环境部提出,将以"减污降碳协同增效"为总抓手,由末端治理转向源头治理,协同应对环境污染与气候变化。

城市是政策落地实施的基本单元,也是减排的关键区域。受国家政策出台进程的影响,城市层面的空气质量政策较低碳政策更细致、更完善。不少城市已制定并实施了空气质量达标规划,也有一些城市开展了低碳试点。但是,将空气质量达标和碳排放达峰(以下简称"双达")统筹规划的城市很少,相关研究也不成熟。"双达"问题在以大气污染治理为主导的时期并未引起足够重视,但当前"减污降碳协同增效"成为生态环境领域的重点战略,城市"双达"研究的意义理应引起更多关注。

笔者所在研究团队自 2018 年开始关注城市的"双达"问题，调研走访了我国不同区域、处于不同发展阶段的 10 余座城市，围绕污染治理、节能降碳、协同增效等主题开展了大量研究工作，相关政策建议已被多地管理部门采纳。在实践中，笔者深刻体会到城市"双达"研究的痛点与难点，也在不断学习、思考解决方案。在本书中，笔者分享了多年来积累的"双达"研究思路和研究方法，相对全面地讲述了"双达"的研究理论与分析框架，同时以郑州市、石家庄市、湖州市为例阐述了"双达"的研究成果和共性结论，希望可以为生态环境治理领域的研究者、决策者提供有益参考。

能源基金会（The Energy Foundation）王志高主任和林微微主管在城市"双达"研究中给予了诸多支持，使得笔者有机会探究如何在城市尺度上实践"双达"这一有意义的课题，特此致谢。本书是城市"双达"路径探索的一次积极尝试，但研究尚处于起步阶段，因此，涵盖的案例城市较少，一些共性规律的探讨仍需要完善。未来，笔者将在研究中纳入更多典型城市，以丰富"双达"的技术与知识体系。由于时间仓促，书中难免存在错误与不妥之处，恳批评指正为盼。

2022 年 9 月于北京

目 录

第1章 研究背景 ·· 1

  1.1 中国空气质量达标与碳排放达峰所面临的挑战 ·················· 1

    1.1.1 中国空气质量达标面临的挑战 ························· 1

    1.1.2 中国碳排放达峰面临的挑战 ··························· 4

  1.2 探究城市空气质量达标及碳排放达峰协同路径的意义 ············ 8

    1.2.1 应对气候变化与治理空气污染的协同效应 ··············· 8

    1.2.2 未来温室气体和污染物协同减排的空间分析 ············ 12

    1.2.3 城市空气质量达标及碳排放达峰协同路径的必要性 ······ 14

第2章 研究方法 ··· 17

  2.1 排放清单 ··· 17

    2.1.1 排放清单概述 ······································ 17

    2.1.2 城市排放清单编制 ·································· 20

    2.1.3 排放源分类分级方法 ································ 22

    2.1.4 排放清单编制方法 ·································· 28

    2.1.5 数据获取方法 ······································ 37

2.1.6 排放空间分配 ... 41

2.2 数值模拟 ... 42
2.2.1 数值模拟概述 ... 42
2.2.2 WRF-CMAQ 模型 ... 44
2.2.3 区域传输影响 ... 47
2.2.4 大气环境容量 ... 47

2.3 措施评估 ... 52
2.3.1 措施评估概述 ... 52
2.3.2 措施分类 ... 54
2.3.3 评估方法 ... 56

2.4 "双达"分析 ... 58
2.4.1 "双达"分析概述 ... 58
2.4.2 "双达"分析方法 ... 59
2.4.3 城市空气质量达标路径分析 ... 60
2.4.4 城市碳排放达峰路径分析 ... 67

2.5 城市选取 ... 72

第3章 郑州市实现"双达"路径分析 ... 75
3.1 郑州市城市概况 ... 75

目 录

3.2 郑州市基准年份排放特征分析 …………………………………… 76

3.3 经济与能源发展预测 …………………………………………… 77

    3.3.1 经济发展预测 ………………………………………… 77

    3.3.2 能源发展预测 ………………………………………… 78

3.4 重点减排任务与措施 …………………………………………… 79

    3.4.1 加快调整能源结构，建设清洁低碳能源体系 …………… 79

    3.4.2 调整优化产业结构，构建绿色低碳产业体系 …………… 80

    3.4.3 深化重点行业污染治理，全面推行挥发性有机物整治 …… 80

    3.4.4 积极调整运输结构，完善绿色低碳交通体系 …………… 81

    3.4.5 优化调整用地结构，推进面源污染治理 ………………… 82

3.5 减排潜力分析 …………………………………………………… 83

3.6 空气质量达标分析 ……………………………………………… 85

3.7 碳排放达峰预测分析 …………………………………………… 87

第 4 章 石家庄市实现"双达"路径分析 ………………………… 91

4.1 石家庄市城市概况 ……………………………………………… 91

4.2 石家庄市基准年份排放特征分析 ………………………………… 92

4.3 经济与能源发展预测 …………………………………………… 93

    4.3.1 经济发展预测 ………………………………………… 93

4.3.2 能源发展预测 ·· 94

4.4 重点减排任务与措施 ··· 95

4.4.1 加快调整能源结构，建设清洁低碳能源体系 ················· 95

4.4.2 调整优化产业结构，构建绿色低碳产业体系 ················· 96

4.4.3 深化重点行业污染治理，全面推行挥发性有机物整治 ······ 97

4.4.4 积极调整运输结构，完善绿色低碳交通体系 ················· 97

4.4.5 优化调整用地结构，推进面源污染治理 ······················ 98

4.5 减排潜力分析 ·· 99

4.6 空气质量达标分析 ··· 101

4.7 碳排放达峰预测分析 ·· 103

第5章 湖州市实现"双达"路径分析 ·· 107

5.1 湖州市城市概况 ·· 107

5.2 湖州市基准年份排放特征分析 ··· 108

5.3 经济与能源发展预测 ·· 109

5.3.1 经济发展预测 ··· 109

5.3.2 能源发展预测 ···110

5.4 重点减排任务与措施 ··110

5.4.1 加快调整能源结构，建设清洁低碳能源体系 ················110

  5.4.2 调整优化产业结构，构建绿色低碳产业体系 …………… 111

  5.4.3 深化重点行业污染治理，全面推行挥发性有机物整治 …… 112

  5.4.4 积极调整运输结构，完善绿色低碳交通体系 …………… 113

  5.4.5 优化调整用地结构，推进面源污染治理 ………………… 114

5.5 减排潜力分析 ……………………………………………………… 115

5.6 空气质量达标分析 ………………………………………………… 118

5.7 碳排放达峰预测分析 ……………………………………………… 119

第6章 结论与讨论 … 123

6.1 方法总结 …………………………………………………………… 123

6.2 结论与启示 ………………………………………………………… 124

  6.2.1 分类型城市"双达"策略 ………………………………… 124

  6.2.2 城市"双达"共性经验 …………………………………… 128

6.3 不确定性讨论 ……………………………………………………… 136

  6.3.1 排放清单的不确定性 ……………………………………… 136

  6.3.2 数值模拟的不确定性 ……………………………………… 137

参考文献 …………………………………………………………………… 139

第 1 章

研究背景

1.1 中国空气质量达标与碳排放达峰所面临的挑战

1.1.1 中国空气质量达标面临的挑战

改革开放以来，中国经济发展取得了举世瞩目的成就，但经济的快速发展对生态环境造成了一定程度的破坏，全国主要城市群均出现了不同程度的区域大气污染问题，引发了公众的广泛关注。我国大气污染防治进程始于 20 世纪 70 年代，依次经历了 1970—1990 年对工业点源的悬浮颗粒物控制阶段，1990—2000 年对燃煤和工业源的二氧化硫（Sulfur Dioxide，SO_2）和悬浮颗粒物控制阶段，于 2000 年进入对多污染源导致的区域复合型污染控制阶段。2001—2005 年，我国大气污染防治工作的综合目标是将全国 SO_2 排放量削减 10%，并将酸雨控制区或者二氧化硫污染控制区（以下简称"两控区"）的 SO_2 排放量削减 20%，以控制全国的酸雨和 SO_2 污染。在《"十一五"期间全国主要污染物排放总量控制计划》中，我国将 SO_2 排放量纳入国家约束性总量控制目标，要求以火电厂建设脱硫设施为重点，确保 2010 年全国 SO_2 排放量较 2005 年削减 10%。"十二五"期间，我国进一步将氮氧化物（Nitrogen Oxides，NO_x）排放纳入国家约束性总量控制目标，要求 2015 年全国的 NO_x 和 SO_2 排放量分别较 2010 年降低 10% 和 8%。

2013年，国务院颁布了《大气污染防治行动计划》（以下简称《大气十条》），以细颗粒物（Fine Particulate Matter，$PM_{2.5}$）浓度为约束对各地区的大气污染防治工作提出了具体要求，这是我国大气污染防治的重大举措，是第一次以环境质量为目标约束的战略行动。《大气十条》提出10条、45项重点任务措施，并对2017年全国及重点区域、重点城市的空气质量改善提出了具体要求，创新性地开展了多项大气污染治理重大举措，包括能源结构调整、产业结构调整、重大减排工程等，并在环境执法监管、环境经济政策和科技支撑等方面进行配套支持，多措并举，取得了良好成效。2015年修订的《大气污染防治法》第十四条规定，未达到国家大气环境质量标准城市的人民政府应当及时编制大气环境质量限期达标规划，采取措施，按照国务院或者省级人民政府规定的期限达到大气环境质量标准。国务院印发的《"十三五"生态环境保护规划》也明确提出，"以提高环境质量为核心，实施大气环境质量目标管理和限期达标规划"的总体要求[1]。2018年，继《大气十条》之后，生态环境部发布实施《打赢蓝天保卫战三年行动计划》（以下简称《三年行动计划》），进一步明确了大气污染防治工作的总体思路、基本目标和主要任务，围绕"四个重点"，即重点防控污染因子是细颗粒物，重点区域是京津冀及周边地区、长三角地区和汾渭平原，重点时段是秋冬季和初春，重点行业和领域是钢铁、火电、建材等行业，以及"散乱污"企业、散煤、柴油货车、扬尘治理等领域，制定了2018—2020年在大气污染防治方面的任务、目标及计划，以期大幅减少大气污染物排放，明显改善环境空气质量，增强人民的蓝天幸福感。

2013年后，历经极不平凡的治理进程，我国大气污染防治工作取得了前所未有的成就。"十三五"时期是我国生态环境质量改善成效最大、工作推进成效最好、得到公众乃至国际社会高度认可的五年，我国全面完成规定的各项任务，超额实现"十三五"时期提出的总体目标和量化指标。2020 年，我国 337 个地级以上城市 $PM_{2.5}$ 平均浓度为 33μg/m³，低于国家空气质量二级标准（35μg/m³），相比 2015 年的 $PM_{2.5}$ 平均浓度（45μg/m³）下降了 26.7%，如图 1-1 所示。2015—2020 年，我国 $PM_{2.5}$ 三年滑动平均浓度持续下降，重污染天数比率下降 57.1%，空气质量优良天数比率达到 87%[2]。

图 1-1　2015—2020 年全国及重点区域 $PM_{2.5}$ 平均浓度变化

然而，我国的产业结构、能源结构、运输结构尚未发生根本性转变，资源环境承载能力接近或达到上限，依然面临生态环境风险累积高发的局面。我国 SO_2、NO_x、烟粉尘、挥发性有机物（Volatile Organic Compounds，VOCs）等大气污染物排放量仍然处于千万吨级水平，远超环境容量，$PM_{2.5}$ 污染负荷仍处于高位。2020 年，我国 337 个地级以上城市中尚有 125 个地级以上城市 $PM_{2.5}$ 平均浓度不达标，秋冬季区域重污染问题依然严峻。另外，我国现行 $PM_{2.5}$ 空气质量平均值标准相当于世界卫生组织（World Health Organization，WHO）第一阶段的过渡值，与世界卫生组织的指导值尚有较大距离。2020 年，全国城市臭氧（Ozone，O_3）日 8 小时滑动平均最大值第 90 百分位数平均浓度为 136μg/m³，比 2019 年下降 8.0%，比 2015 年上升11.1%，如图1-2所示；从三年滑动平均来看，2015—2020年全国及重点区域O_3平均浓度持续上升，全国O_3平均浓度从$123\mu g/m^3$上升至$138\mu g/m^3$，超标城市占全国城市比例增至16.6%，成为影响城市空气质量达标天数的重要因素。

2020年，全国仍有40%的城市空气质量未达标，37%的城市$PM_{2.5}$浓度未达标。$PM_{2.5}$与O_3协同控制成为下一阶段大气污染治理的主要任务，空气污染治理工作任重道远。同时，随着末端治理措施潜力变小，污染物减排空间逐渐收窄，大气污染治理日趋复杂，空气质量大幅改善难度加大，迫切需要寻求新的大气污染治理方向[2]。

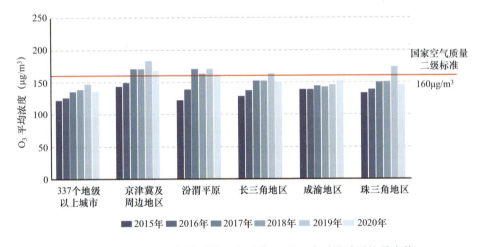

图1-2　2015—2020年全国及重点区域O_3日8小时滑动平均最大值第90百分位数平均浓度变化

▶▶ 1.1.2　中国碳排放达峰面临的挑战

联合国政府间气候变化专门委员会（Inter-governmental Panel on Climate Change，IPCC）发布的《IPCC第五次评估报告》指出，人类活动很可能是气候变暖的主要原因。有证据显示，2011年的总人为辐射强迫的最佳估计值相比《IPCC 第四次评估报告》给出的 2005 年的估计值提高了 43%。在过去 50 年里，全球共发生 1.1 万多起由天气、气候和水导致的灾害，造成了 200 万人死亡和 3.6 万亿美元经济损失。由于气候变化的原因，极端天气和气候事件的发生频率、强度及严重性有所上升。《IPCC 第六次评估报告》指出，2011—2020 年全球地表温度要比 1850—1900 年高 1.09℃，其中，陆地增温的幅度为 1.59℃，高于海洋的增温幅度 0.88℃。随着全球地表温度不断升高，近 30 年来，我国沿海海平面上升了约 0.09m，平均每年上升 2.6mm，高于全球平均水平的每年 1.8mm。未来，中国年平均地表温度将持续升高。

2015 年 12 月，世界各国在巴黎气候变化大会上达成共识，通过了《巴黎协定》(*The Paris Agreement*)。《巴黎协定》提出，加强对气候变化威胁的全球应对，将全球平均气温较工业化前水平升高控制在 2℃ 以内，并向 1.5℃ 以内努力；各缔约方尽快实现温室气体排放达峰（碳达峰），到 21 世纪下半叶实现温室气体排放与清除之间的平衡（碳中和）；2020 年后的温室气体减排以各国承诺的自主贡献（National Determined Contributions，NDC）为基础。作为负责任的大国，我国于 2015 年 6 月 30 日向联合国提交了《强化应对气候变化行动——中国国家自主贡献》。根据自身国情、发展阶段、可持续发展战略和国际责任担当，中国确定了到 2030 年的自主行动目标，二氧化碳（Carbon Dioxide，CO_2）排放 2030 年左右达到峰值并争取尽早达峰；单位国内生产总值二氧化碳排放比 2005 年下降 60%～65%，非化石能源占一次能源消费比重达到 20% 左右，森林蓄积量比 2005 年增加 45 亿立方米左右。2016 年 9 月 3 日，全国人民代表大会常务委员会批准我国加入《巴黎协定》。在 2020 年 9 月召开的第七十五届联合国大会上，我国政府提出，二氧化碳排放力争于 2030 年前达到峰值，努力争取 2060 年前实现碳中和。截至 2020 年 11 月，已有 190 个缔约国批准了《巴黎协定》，已有 188 个缔约国提交了国家自主贡献[3]。2021 年 11 月，各方在《联合国气候变化框架公约》第 26 次缔约方大会上就《巴黎协定》实施细则等核心问题达成共识，开启了国际社会全面应对气候变化的新征程。

我国碳排放经历了三个阶段：1997—2001年为缓慢增长阶段，碳排放年均增长2.6%，2001年全国碳排放约32亿吨；2002—2013年为迅速增长阶段，受经济增长与城市化进程推动，碳排放以年均9.6%的速度攀升，2005年中国超过美国成为世界第一碳排放国，2013年中国人均碳排放超过欧盟（6.8吨），达到了7.2吨[4]；2014—2020年为增速趋缓阶段，在初期碳排放略有下降，但在2017年重现增长态势，2020年全国碳排放约100亿吨[5]。从2014年我国政府首次在联合国气候峰会上提出"努力争取二氧化碳排放总量尽早达到峰值"以来，国家层面相继出台了一系列政策性文件，对我国碳排放峰值目标及实现路径提出了明确的要求。《中华人民共和国国民经济和社会发展第十三个五年规划纲要》（以下简称《"十三五"规划纲要》）明确提出，到2020年有效控制电力、钢铁、建材、化工等重点行业碳排放，推进工业、能源、建筑、交通等重点领域低碳发展；支持优化开发区域率先实现碳排放达到峰值；深化各类低碳试点，实施近零碳排放区示范工程。《"十三五"控制温室气体排放工作方案》进一步要求，"到2020年，单位国内生产总值二氧化碳排放比2015年下降18%，碳排放总量得到有效控制。""支持优化开发区域在2020年前实现碳排放率先达峰。""力争部分重化工行业2020年左右实现率先达峰，能源体系、产业体系和消费领域低碳转型取得积极成效。"绝大部分地区也根据国家峰值目标和总体要求，结合各自对峰值目标和发展阶段的认识逐渐推进碳达峰工作。

2018年，我国单位GDP碳排放强度相对2015年下降了约45.8%，已经提前完成了到2020年下降40%～45%的目标。然而，二氧化碳信息分析中心（Carbon Dioxide Information Analysis Centre，CDIAC）、联合国（United

Nations，UN）、英国石油公司（BP Amoco，BP）等多个机构的数据显示，受经济上行等因素的影响，2017年我国能源消费呈现回暖态势，碳排放反弹，终止了2013—2016年碳排放平稳下降的趋势。Peters等指出，2018年中国碳排放相比2017年进一步上升，碳排放强度下降带来的减排量被重工业生产回暖和天然气使用增加带来的碳排放增量所抵消，如图1-3所示。未来一段时间，我国能源需求总量还会持续增长，实现2030年碳达峰目标仍然面临挑战。

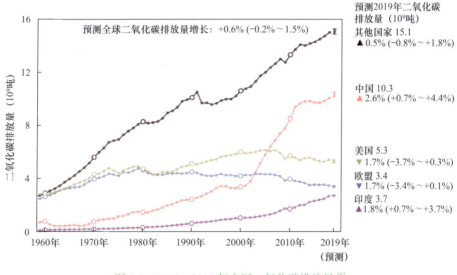

图1-3　1960—2019年中国二氧化碳排放量[6]

我国要实现碳达峰目标需要克服三大困难：第一，高碳的能源结构，2020年我国化石能源消费占总能源消费的84.1%，煤炭消费占化石能源消费的56.8%，这两个比例均为全球最高，超过美国等用能大国；第二，高碳的产业结构，世界公认的高碳且难减排的能源消耗型行业（煤炭、钢铁、石化、水泥等）在我国产业结构中占比很高；第三，我国是最大的发展中国家，城镇化过程仍在持续推进，很多地区的能源消费量还处在上行区间。世界城镇化历程表明，城镇化的推进及人民生活水平的提升，往往伴随着能源消耗的快速增长。我国 30 多年的城镇化历程也印证了此规律，1990—2019 年，我国城镇化率由 26.4% 增长至 63.9%，人均 GDP 由 0.17 万元增长至 7.18 万元，人均能耗由 0.87 吨标准煤增长至 3.47 吨标准煤。当前，我国二氧化碳排放量将近占全球二氧化碳排放总量的 30%，约为美国及欧洲所有国家的总和，预计短期内仍有大量的能源消耗需求，这使得我国碳达峰及碳中和的如期实现面临巨大挑战。另外，产业升级、非化石能源体系的建立和推广等过程耗时长、成本高。在此背景下，我国控制温室气体排放的压力较大[7]。

1.2 探究城市空气质量达标及碳排放达峰协同路径的意义

1.2.1 应对气候变化与治理空气污染的协同效应

科学研究表明，温室气体和大气污染物具有同根、同源、同过程的特性，其均来自煤炭、石油等化石能源的燃烧[8-10]。对温室气体和大气污染物的协同治理研究起步于 20 世纪 90 年代，Ayres 和 Walter 论述了温室气体减排的间接效益包括大气污染物排放的减少及其产生的相关健康效应[11]。2001 年，《IPCC 第三次评估报告》首次提出了温室气体减缓和污染物减少的协同效应（Co-benefits），其是指由于各种原因同时实施的政策所带来的效益，它包括气候变化的减缓，并且承认很多温室气体减缓政策也有其他甚至同等重要的目标，如大气污染物的减少。《IPCC 第四次评估报告》进一步指出，协同效应的概念通常指"无后悔"政策。这是由于很多项目和行业的减排成本研究已经识别出温室气体减排政策具有潜在的负成本，即实施这些政策所带来的协同效应将大于其实施成本，因而这些具有负成本的减排政策通常被称为"无后悔"政策，其协同效应不仅可以改善人群的健康状况，而且会影响农业生产和自然生态系统。减少大气污染与减缓气候变化的协同政策与单独政策相比,可以提供大幅度削减成本的潜力[12]。《IPCC第五次评估报告》将协同效应区分为积极的协同效应和消极的协同效应(不利的副作用),探索了温室气体减排路径的技术、经济和制度需求,以及相关的潜在积极协同效应或不利的副作用[13]。2018年发布的《IPCC全球升温1.5℃特别报告》则将协同效应的概念进一步聚焦在积极影响上:"协同效应是指实现某一目标的政策或措施对其他目标可能产生的积极影响,从而增加社会或环境的总效益。"协同效应的评估往往会受到不确定性因素的影响,并取决于当地具体的外部环境和政策实施条件[7, 14]。2022年2月发布的《IPCC第六次评估报告》第二组工作报告《气候变化2022:影响、适应和脆弱性》提出,全面、有效和创新的应对措施可以利用协同效应,减少适应和减缓之间的制约,从而推动可持续发展[15]。

全球气候变化和局地空气污染问题,大多是由相同的能源生产或消费模式驱动的,因而在工作方向上高度一致。目前,国内外很多研究都在定量地评估温室气体减排或大气污染物排放减少所产生协同效应的大小。图1-4展示了我国1990—2017年NO_x和CO_2的分部门排放情况,可以发现它们有相似的变化趋势和部门组成,印证了协同治理政策的现实可行性。

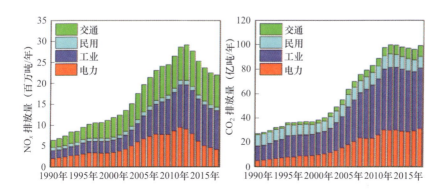

图1-4 我国1990—2017年NO_x和CO_2的分部门排放情况(来源:MEIC,清华大学)

自 2013 年起，随着《大气十条》和《三年行动计划》的先后实施，大气污染防治领域实施的燃煤锅炉整治、落后产能淘汰、北方地区清洁采暖、交通结构调整等一系列结构性治理措施对 CO_2 减排产生了积极的协同效应。在上述措施的有力推动下，工业部门在 2015—2020 年实现了 CO_2 和大气污染物的协同减排，CO_2 排放量减少 6%；民用部门在主要大气污染物排放量减少的同时，CO_2 排放量保持基本稳定。但是，电力、供热和交通部门在主要大气污染物排放量减少的同时，CO_2 排放量持续增加。其中，电力和供热部门的大气污染物减排以末端控制措施为主，难以实现 CO_2 协同减排；交通部门的大气污染物减排主要来自老旧车淘汰、排放标准提升等末端治理措施，但我国快速增长的机动车保有量抵消了政策实施带来的减排效益，2015—2020 年交通部门的 CO_2 排放量增加了 14%[16]。

根据中国工程院的评估结果，《大气十条》和《三年行动计划》的实施均有效降低了全国 $PM_{2.5}$ 浓度，但与《大气十条》实施阶段相比，《三年行动计划》实施阶段 $PM_{2.5}$ 浓度改善幅度缩窄，并且各项措施对 $PM_{2.5}$ 浓度改善的贡献排序发生显著变化。工业提标改造、民用能源清洁化对全国 $PM_{2.5}$ 浓度改善的贡献有所上升，成为贡献最大的措施，分别贡献了 $PM_{2.5}$ 浓度总降幅的 21%、18%（见图 1-5）。

《大气十条》实施阶段，CO_2 累计减排 9.2 亿吨；《三年行动计划》执行期间，CO_2 累计减排 4.9 亿吨。与《大气十条》实施阶段相比，《三年行动计划》执行期间落后产能淘汰、燃煤锅炉整治和移动源排放管控的 CO_2 协同减排贡献、减排幅度明显收窄；由于对砖瓦、石灰行业炉窑治理进程的深入，散乱污企业清理整治的减排效果更为明显（见图 1-6）。

总体来看，化石燃料燃烧利用过程排放大量 SO_2、NO_x、$PM_{2.5}$ 等大气污染物，影响环境空气质量；同时排放 CO_2，加速气候变暖。因此，应对气候

图 1-5 《大气十条》和《三年行动计划》实施措施对 $PM_{2.5}$ 浓度改善的贡献

图 1-6 《大气十条》和《三年行动计划》实施措施对 CO_2 协同减排的贡献

变化和治理空气污染具有高度的协同效应。在科学机理方面,温室气体排放导致气候变化,而气候变化导致温度、辐射、降水和风速等气象要素变化,影响大气污染物的生成、积累和消散过程。一方面,气溶胶是重要的大气污染物；另一方面，气溶胶可以通过改变大气辐射收支、影响云的形成而影响气候系统的变化。在应对措施方面，由于温室气体和大气污染物同根同源，碳减排和大气污染治理的根本之道在于源头治理，降低化石燃料消耗量的措施在减少碳排放的同时也会减少大气污染物的排放，产生协同效应。在大气污染治理实践中优先选择化石能源替代、原料工艺优化、产业结构升级等源头治理措施，在减少大气污染物排放的同时也会带来碳排放减少的收益。我国能源产业和交通结构调整的大气污染物削减潜力有待进一步释放，下一步应当积极推进源头减排措施，实现减污降碳协同增效。

1.2.2 未来温室气体和污染物协同减排的空间分析

研究表明，若在推动降碳措施、加大源头治理力度的同时，持续推进非电行业、柴油机和VOCs重点行业污染治理工作，则在2030年实现碳达峰目标的同时，全国VOCs排放量相较2015年可减少29%，SO_2排放量相较2015年可减少51%[16]，绝大部分地区$PM_{2.5}$年均浓度可达到35μg/m³的现行国家空气质量二级标准；通过进一步提升可再生发电比例，加速终端用能系统节能改造与电气化转型，我国可在2025年实现二氧化碳排放提前达峰的同时，2030年全国$PM_{2.5}$暴露水平进一步降低至23μg/m³左右（见图1-7）[17]。2030年之后，由于末端治理措施的减排潜力基本耗尽，碳中和目标下的深度低碳能源转型措施将成为我国空气质量持续深度改善的动力源泉。在碳中和情景下，到2060年我国将基本完成低碳能源转型，全国碳排放总量将在当前排放水平基础上减少约90%以上；与此同时，全国VOCs排放量相较2015年降低约65%，SO_2排放量相较2015年降低约94%[16]，人群$PM_{2.5}$年均暴露水平达到8μg/m³左右，空气污染问题得到根本解决[18]。因此，气候目标推动CO_2排放量降低，并协同主要污染物减排是我国中长期气候与环境治理的必然选择。

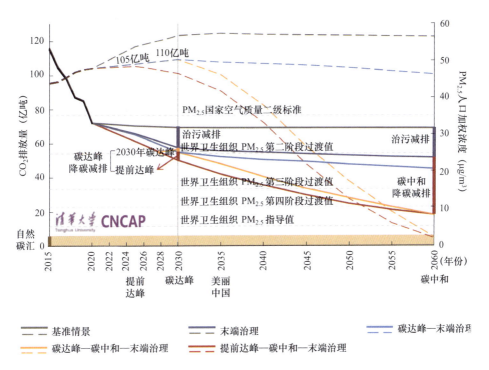

图 1-7 2015—2060 年中国碳中和与清洁空气协同路径[18]

值得注意的是,我国气候与环境治理也存在一些不协同性。一方面,近年来我国 SO_2 减排效果显著,未来在气候与环境治理政策下 SO_2 排放量将进一步降低,但这可能会增加区域辐射强迫、增强全球变暖趋势,带来一定的气候负效益;另一方面,黑碳颗粒是重要的大气增温物质,减排黑碳可减缓气候增温,但同时黑碳和大气中制冷物质(如硫酸盐、有机碳)的排放源相近,这显示出环境—气候协同治理目标下区域科学减排的复杂性。此外,末端装置的安装会导致 CO_2 排放略有增加,包括额外增加的电耗间接产生的 CO_2 排放,以及吸收硫氮的化学反应释放的 CO_2。但这部分增量总体来说较小,例如,电厂安装湿法烟气脱硫设施增加的电量为总发电量的 2%~3%[19]。因此,在制订减排措施时,需要综合考虑其空气质量和气候效应,以更好地实现气候变化与环境污染的协同治理应对。

1.2.3 城市空气质量达标及碳排放达峰协同路径的必要性

我国有 50% 的人口居住在城市，消耗了 80% 以上的能源，贡献了 80% 以上的碳排放和 60% 以上的大气污染物排放，因此城市是实现协同减排的关键区域[20]。2018 年国务院机构改革后，应对气候变化职能从国家发展改革委转隶到生态环境部，31 个省（自治区、直辖市）应对气候变化职能也已全部转隶到生态环境部门。如何实现温室气体和大气污染物协同治理，获得减缓气候变化和空气质量改善的协同效应是管理部门面临的新课题，而城市将是政策落地实施的基本单元。

2020 年 9 月，习近平主席在第七十五届联合国大会上郑重宣示，中国力争 2030 年前实现二氧化碳排放达峰，努力争取 2060 年前实现碳中和。新气候目标的提出为我国空气质量持续改善注入了新动能。当前，我国面临深入打好污染防治攻坚战和推动实现"碳达峰、碳中和"目标的双重挑战，应着眼于加强排放源头治理与控制工作，注重能源使用节约高效化、能源供应低碳清洁化，并合理优化能源配置，促进减污降碳协同增效，实现协同效应的最大化。目前，减污降碳协同增效还存在一些问题。例如，缺乏顶层设计和政策安排，很多地方温室气体排放家底不清，减污降碳协同人员数量和能力均严重不足。相对而言，当前城市空气质量管理体系更为完善、目标更为明确，但气候变化应对工作大多仍停留在宏观层面。各城市需要充分认识减污降碳协同增效的重要地位和作用，将其作为推进经济社会发展全面绿色转型的总抓手，切实推动环境质量改善，实现 2030 年前碳排放达峰和 2060 年前碳中和目标，推动经济高质量发展。

截至 2020 年 4 月底，已有 58 个城市编制并发布空气质量限期达标规划，已有 82 个城市完成低碳城市实施方案。已有部分研究针对单个城市开展了协同减排分析,但在全国尺度上深入探讨城市协同减排效应及未来协同减排路径的研究仍然较少(见表 1-1)。我国城市发展水平不一,经济结构多元化,排放来源与减排潜力也存在显著差异[21]。如何根据不同城市特点制定协同减排路径,对未来城市协同实现空气质量改善目标与温室气体减排目标具有重要意义。

表 1-1　开展协同减排研究的案例

研究名称	城　　市	历史协同减排效应评估	未来协同减排路径分析
Chen 等,2006	上海		√
李丽平等,2010	攀枝花	√	
Liu 等,2013	北京		√
冯相昭等,2018	重庆	√	
《深圳市碳排放达峰、空气质量达标、经济高质量增长协同"三达"研究报告》,2019	深圳	√	√
邢有凯等,2020	唐山	√	
《中国城市二氧化碳和大气污染协同管理评估报告》,2020	335 个地级市	√	

鉴于此,本书首先构建空气质量达标与碳排放达峰(以下简称"双达")协同分析的方法论框架,同时选取郑州、石家庄、湖州三个各具特色的城市,阐述个性化的城市"双达"特征与经验,然后从个性化的经验中提炼共性规律,探讨在空气质量目标导向下城市"双达"的路径和策略,以期为国家及在地方机构改革背景下城市层面的"双达"实践提供研究参考和决策依据。

第 2 章 研究方法

2.1 排放清单

2.1.1 排放清单概述

大气污染源排放清单（以下简称"排放清单"）是指各种排放源在一定时间跨度和空间区域内向大气排放的污染物量的集合。它描绘了地气通量和海气通量变化，刻画了大气痕量组分从不同介质中释放的过程，是研究全球生物地球化学循环（如碳、氮、硫、铁元素循环）、分析大气组分变化、解释大气观测资料的重要数据基础，对研究大气反应历程、理解污染形成机制具有重要意义。

在空气质量管理方面，排放清单是识别污染来源、制订减排方案、评估治理效果的重要工具；高质量的排放清单是各个国家和地区进行空气质量管理的基础。以美国和欧洲为例，美国于 1963 年和 1970 年分别颁布实施了《清洁空气法》和《清洁空气修正法》，由美国环境保护署主导逐步建立排放清单编制的方法框架、完备的数据库、排放源处理模型和排放清单校验制度，在此基础上开发了国家排放清单（National Emission Inventory，NEI）。欧洲自 20 世纪 80 年代起开始进行排放清单的开发，采用欧洲各国家统一公开的方法学编制了 CORINAIR（CORe INventory AIR Emissions）和 EMEP

（European Monitoring and Evaluation Programme）系列排放清单，覆盖了欧洲30多个国家和200多种主要的人为排放源，保障了制订污染控制方案的科学性和有效性。国际全球大气化学（International Global Atmospheric Chemistry，IGAC）计划主导的大气化学核心研究阐明，大气污染物通过一系列物理、化学转化影响大气组分，形成对全球气候、生态和人群健康的单向作用或双向反馈，最终影响经济社会发展策略以调控和管理污染物排放。在这个过程中，认识并理解大气污染物排放既是研究工作的基础和出发点，也是政策管理的落脚点。

根据研究角度和计算尺度的不同，排放清单有多种分类方法。

根据排放来源，排放清单可分为人为源排放清单和天然源排放清单。人为源排放是指由人类活动引起的大气污染物排放过程，如燃料燃烧、工业生产、氮肥施用、涂料使用等生产生活活动；天然源排放是指产生大气污染物排放的自然现象，如火山喷发、高空闪电、植被排放。人为源排放和天然源排放的强度及时空范围差异较大。与天然源排放相比，人为源排放持续而集中，SO_2、NO_x、$PM_{2.5}$ 等主要大气污染物，以及 CO_2、N_2O、CH_4 等温室气体均由人为源排放主导。

根据研究尺度，排放清单可分为全球排放清单、区域排放清单和局地排放清单。全球排放清单一般在国家尺度建立，基于宏观经济部门统计数据计算主要大气污染物排放，覆盖的排放源种类一般较少；区域排放清单在国家或区域尺度建立，计算尺度为省级或州级，排放源种类具体到行业；局地排放清单一般在城市尺度建立，排放源种类和计算尺度高度细化。近年来，相关研究领域内出现了将各地区精度最好的区域排放清单或局地排放清单拼接，构建大尺度、高分辨率排放清单的技术方法。该技术方法形成的排放清单既能覆盖全球尺度或半球尺度，又能在重点地区获取与区域排放清单或局地排放清单相当的数据精度，是当前的研究热点之一。

图 2-1 总结了排放清单技术研究现状和主要进展。排放清单技术主要解决排放清单"从无到有"的问题，即如何基于合适的排放源分类体系构建排放表征模型，并对主要影响因素建模和参数化，最终建立完整的排放清单。该研究方向目前形成了一系列共性技术方法，包括基于动态过程的排放表征技术、不确定性估计、历史趋势重构、未来排放预测等清单技术方法，以及排放源处理模式、高分辨率清单技术等与大气化学模型对接的技术。共性技术方法在局地尺度和全球/区域尺度的应用面临不同数据基础和技术挑战，分别形成多源数据同化的局地排放清单技术特点，以及大尺度、长序列、多视角的全球/区域排放清单技术特点[22]。

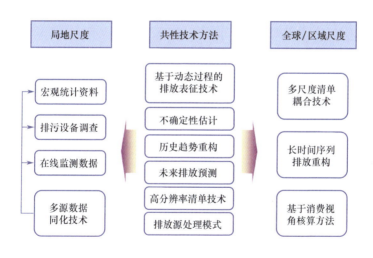

图 2-1　排放清单技术方法

图 2-2 展示了排放特征分析的主要技术特点。该类研究主要从排放组成、排放时变特征和排放空间分布三个方面展开，分别对应排放量、排放时间变化和排放空间分布三个维度，从整体层面研究排放强度特征及排放产生的时空范围。

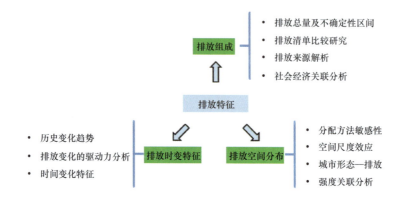

图 2-2 排放特征分析的主要技术特点

排放组成研究侧重分析排放总量、不确定性区间和排放部门分布，通过对不同排放清单的比较研究寻找排放清单改进方向。排放时变特征关注排放年际变化和月际变化，分析排放变化的主要驱动力和影响因素，同时关注排放小时变化，以反映排放源强度的动态活动特征。排放空间分布研究关注排放分布形态，包括排放空间化方法、排放空间分布规律。需要特别指出的是，随着高分辨率排放清单技术的发展，排放空间分布研究逐渐呈现新的研究视角和成果。例如，基于高分辨率排放强度分布与城市发展形态的关联分析，探索有助于形成低排放区的城市形态特征，为制定可持续的城市发展策略提供支持。

▶▶ 2.1.2　城市排放清单编制

在统一的方法学框架下建立城市尺度温室气体和大气污染物排放清单是探索城市"双达"路径的基础。温室气体和大气污染物排放清单编制工作以往通常是分开进行的，存在核算边界不同、统计口径不同、排放源类型划分不同等问题，不利于识别重点减排领域及计算协同减排潜力。因此，在编制城市尺度温室气体和大气污染物排放清单时，应当基于统一的排放源分类体系与排放表征技术方法。

清华大学建立了由《城市大气污染源排放清单编制工作手册》《城市大气污染源排放清单编制技术手册》《大气污染源排放清单活动水平调查技术规范》和"大气污染源排放清单编制与分析系统"组成的城市大气污染源排放清单编制技术体系。

- 《城市大气污染源排放清单编制工作手册》阐述城市大气污染源排放清单编制工作流程，用于指导全国重点区域城市开展排放清单编制工作；

- 《城市大气污染源排放清单编制技术手册》围绕十类人为排放源，构建四级排放源分类体系，给出 3299 条排放源分类、九种大气污染物的核算方法，同时提供不同排放源时间廓线，支持排放量动态核算；

- 《大气污染源排放清单活动水平调查技术规范》提供排放源全流程调查要素，并附技术说明；

- "大气污染源排放清单编制与分析系统"综合上述工作流程、技术方法、调查规范设计开发，整合排放源分类分级与编码体系、城市大气污染源排放清单编制技术，以及活动水平数据调查收集、排放系数获取、排放清单动态化方法、排放量空间分配等诸多环节，实现界面输入数据的后台计算，输出排放量，支持排放清单审核与数据分析。

本书采用以上技术体系方法，编制城市尺度温室气体和大气污染物排放清单。该排放清单可以涵盖行政管辖地理范围内的所有人为排放源，包括 SO_2、NO_x、VOCs、CO、NH_3、$PM_{2.5}$、BC、OC 等气态污染物和颗粒态污染物，以及最重要的温室气体 CO_2。

从空气质量达标的角度来看，排放清单编制只需要考虑城市边界内一次能源消费和工业过程产生的大气污染物排放，不必考虑二次能源如电力、热力消耗及产品上游产生的大气污染物排放。大气污染物排放量计算公式为

$$E_i = \sum_j \sum_k \sum_m \sum_n A_{i,j,k} X_{i,j,k,m} \text{EF}_{\text{RAW},i,j,k,m} C_{i,j,k,m,n} (1-\eta_n)$$

式中，i 代表城市；j 代表排放部门/行业；k 代表燃料/产品；m 代表燃烧/工艺技术；n 代表末端控制技术；A 代表活动水平，如燃料消耗量或产品产量；X 代表某项燃烧/工艺活动水平占总活动水平的比例；EF_{RAW} 代表未经末端控制技术处理的大气污染物排放系数；C 代表某项末端控制技术的投运率；η 代表某项末端控制技术对污染物的去除效率。

CO_2 排放量的计算公式与大气污染物排放量的计算公式类似，但由于碳捕集等末端控制技术还未普及，该参数现阶段不予考虑，计算公式变为

$$E_i = \sum_j \sum_k \sum_m A_{i,j,k} X_{i,j,k,m} \text{EF}_{i,j,k,m}$$

参数意义同大气污染物排放量计算公式。

从以上计算公式可以看出，建立城市尺度温室气体和大气污染物排放清单，首先应当明确城市排放源的构成，然后通过调查收集活动水平、排放系数、技术分布和末端控制技术等相关数据信息，最终计算得到排放量。

▶▶ 2.1.3 排放源分类分级方法

准确识别排放源是排放清单编制的首要环节，也是确定排放量计算方法、收集活动水平和排放系数的基础依据。本研究中的排放源分类参照《城市大气污染源排放清单编制技术手册》[23]，将我国人为大气污染源分为化石燃料固定燃烧源、工艺过程源、移动源、溶剂使用源、农业源、扬尘源、生

物质燃烧源、储存运输源、废弃物处理源和其他排放源十大类。

针对污染物产生机理和排放特征的差异，按照部门/行业、燃料/产品、燃烧/工艺技术及末端控制技术，每类排放源可分为四级，自第一级至第四级逐级建立完整的排放源分类分级体系。第三级排放源重点识别排放量大、受燃烧/工艺技术影响显著的重点排放源。对于排放量受燃烧/工艺技术影响不大的燃料和产品，第三级排放源层面不再细分，在第二级排放源下直接建立第四级排放源分类。

以化石燃料固定燃烧源为例，四级排放源分类结构如图2-3所示，其中第四级仅展示了除尘技术。

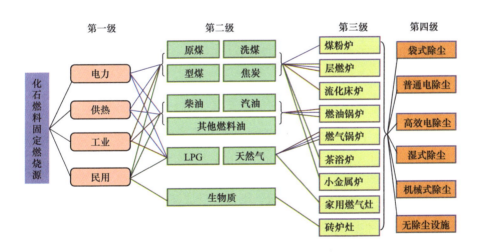

图 2-3　固定燃烧源四级排放源分类结构示意

针对火电、钢铁、水泥、玻璃等高能耗、高污染的重点工业行业，可基于设备和工序建立排放表征模型。对于其他工业行业，针对化石燃料固定燃烧源、工艺过程源和溶剂使用源排放特征差异，分别建立基于设备和技术的排放表征方法。图2-4以水泥行业为例展示了本书建立的基于"产品—生产工艺—控制技术"的动态排放表征模型。我国现有的水泥生产工艺技术包含立窑、回转窑、新型干法窑，不同的生产工艺具有不同的排放水平，水泥行业主要产生的污染物为颗粒物和NO_x，分别对应除尘措施和脱硝措施两类污染物控制技术。除尘措施包括旋风除尘、湿法除尘、静电除尘、布袋除尘等；脱硝措施包括低氮燃烧器、SNCR（Selective Non-Catalytic Reduction，选择性非催化还原）、SCR（Selective Catalytie Reduction，选择性催化还原）等。不同的控制技术有不同的去除效率[24]。

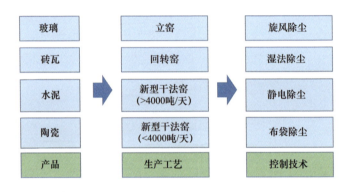

图 2-4　动态排放表征模型（以水泥行业为例）

编制城市大气污染源和温室气体排放清单首先应针对研究区域内排放源进行摸底调查，根据当地行业和燃料/产品的特点，在本书建立的排放源分类分级体系中选取合适的第一级、第二级排放源分类，明确当地排放源构成，确定活动水平数据调查和收集对象。在数据调查和收集阶段应当涵盖第三级排放源分类涉及的燃烧/工艺技术和第四级排放源分类污染物末端控制技术，在数据整理过程中根据当地排放源特点确定排放清单覆盖的第三级、第四级排放源分类。根据本地排放源分类分级体系和数据调查情况，基于第一级排放源分类确定合适的排放清单编制方法和流程，根据第二级至第四级排放源分类确定计算参数获取途径和来源。

以下将围绕十大类人为排放源，详细阐述本研究构建的四级排放源分类分级体系。

1. 化石燃料固定燃烧源

化石燃料固定燃烧源是指，利用化石燃料燃烧时产生的热量，为电力、工业生产和生活提供热能和动力的燃烧设备。

化石燃料固定燃烧源第一级分类包括电力生产、电力供应、工业热力生产和供应、民用热力生产和供应、燃气生产和供应、采矿业和制造业工业锅炉、城市民用源和农村民用源；第二级分类包括煤炭、各种气体和液体燃料等化石燃料；第三级分类包括锅炉和炉灶等燃烧设备；第四级分类包括除尘、脱硫和脱硝三类污染控制措施及无控制措施的情况。

2. 工艺过程源

工艺过程源是指，在工业生产和加工过程中，对工业原料进行物理、化学转化的工业活动。

工艺过程源第一级分类包括：煤炭开采和洗选业，黑色金属冶炼和压延加工业，有色金属冶炼和压延加工业，非金属矿物制品业，石油、煤炭及其他燃料加工业，化学原料和化学制品制造业，化学纤维制造业，橡胶和塑料制品业，造纸和纸制品业，酒、饮料和精制茶制造业，食品制造业，农副食品加工业及纺织业；第二级分类涵盖上述行业主要产品或原料；第三级分类涵盖主要生产工艺、能源类型等；第四级分类包括除尘、脱硫、脱硝、VOCs治理技术四类污染控制措施及无控制措施的情况。

3. 移动源

移动源是指，由发动机牵引，能够移动的各种客运、货运交通设施和机械设备。

移动源第一级分类包括载客汽车、载货汽车和摩托车等道路移动源，以及工程机械、农业机械、小型通用机械、柴油发电机组、船舶、铁路内燃机车、民航飞机等非道路移动源；第二级分类包括道路移动源的主要车型、燃料类型和非道路移动源的主要机械类型；第三级分类包括国一前、国一、国二、国三、国四、国五和国六等排放水平；第四级均按无控制措施的情况处理。

4. 溶剂使用源

溶剂使用源是指，生产、使用有机溶剂的工业生产和生活部门。

溶剂使用源第一级分类包括人造板制造、印刷印染、各类表面涂层、其他工业溶剂使用、沥青铺路、农药使用和生活溶剂使用；第二级分类包括印刷、染料印染、建筑涂料、汽车喷涂、表面涂装等工业溶剂使用过程，以及杀虫剂、除草剂、杀菌剂等民用溶剂使用过程；第三级分类包括各种油墨、涂料等溶剂类型；第四级分类包括VOCs治理技术及无控制措施的情况。

5. 农业源

农业源是指，在农业生产过程中排放大气污染物的各种农业活动。

农业源第一级分类包括氮肥施用、畜禽养殖、固氮植物、秸秆堆肥、土壤本底和人体粪便等；第二级分类包括各类氮肥、各类畜禽、各种固氮植物、耕地和农村人口等；畜禽养殖第三级分类包括散养、集约化养殖和放牧三种模式，其他农业源在第二级排放源层面直接建立第四级分类；第四级分类均按无控制措施的情况处理。

6. 扬尘源

扬尘源是指，在自然力或人力作用下，各种不经过排气筒、无组织、无规则排放地表松散颗粒物的排放源。

扬尘源第一级分类包括土壤扬尘、道路扬尘、施工扬尘和堆场扬尘；第二级分类涵盖各种土地利用类型、道路使用类型、施工类型和堆放物料种类；第三级分类涵盖各种土壤质地、道路铺设情况、施工阶段和料堆操作程序；第四级分类包括洒水、清扫、喷洒抑尘剂等城市扬尘源治理措施。

7. 生物质燃烧源

生物质燃烧源是指，锅炉、炉具等使用未经过改性加工的生物质材料燃烧过程，以及森林火灾、草原火灾、秸秆露天焚烧等。

生物质燃烧源第一级分类包括生物质燃料和生物质开放燃烧；第二级分类包括秸秆、薪柴、生物质成型燃料、牲畜粪便、草地、森林等生物质类型；第三级分类包括生物质锅炉、各类炉灶等燃烧方式；生物质锅炉第四级分类包括除尘、脱硫和脱硝三类污染控制措施及无控制措施的情况，其他生物质燃烧源均按无控制措施的情况处理。

8. 储存运输源

储存运输源是指，挥发性油气产品被收集、储存、运输和销售的过程。

储存运输源第一级分类包括油气储存、运输；第二级分类包括原油、汽油、柴油、天然气等油气产品的储存、运输及加油站销售过程；第三级排放源层面不再细分；第四级分类包括加油站的一次、二次、三次油气回收及无油气回收的情况。

9. 废弃物处理源

废弃物处理源是指，由工业部门和生活部门产生的废水、固体废弃物进入集中处理处置设施内经处理产生污染物排放的源，以及烟气脱硝后产生污染物排放的源。

废弃物处理源第一级分类包括废水处理、固体废弃物处理和烟气脱硝；第二级分类包括废水、固体废弃物和脱硝的烟气；第三级分类包括固体废弃物堆肥、固体废弃物焚烧，以及烟气脱硝中选择性非催化还原、选择性催化还原；第四级分类均按无控制措施的情况处理。

10. 其他排放源

其他排放源是指，上述排放源分类未涵盖的大气污染物排放源集合。

其他排放源第一级分类目前仅包括餐饮油烟；第二级分类为炊事油烟；第三级排放源层面不再细分；第四级分类包括油烟净化器及无控制措施的情况。

▶▶ 2.1.4 排放清单编制方法

第四级排放源分类是排放清单编制的基本计算单元，排放量计算方法可分为在线监测法和产排污系数法。按照数据可得性，点源和面源采取不同方式处理。点源是指可获取精确空间位置及活动水平的排放源，点源排放量在计算时须获取逐个排污设备的经纬度和活动水平。面源是指排放位置和活动水平难以精确辨析的排放源集合，在排放清单中一般体现为城市或区县的排放总量，面源排放量在计算时须确定其参与计算的最小行政区单元（一般为区县或街道），以此为基础获取活动水平数据。排放清单编制时应当明确每个第四级排放源分类计算的处理方式,工业企业应尽可能按照点源计算逐个排污设备的排放量;民用、农业等统计基础薄弱的排放源,可按照面源计算最小行政区的排放量。

以下介绍一些重点部门的排放清单编制方法。

1. 火电部门

火电部门的主要生产和排污设备为火力发电机组,污染物产生自化石燃料在发电机组内的燃烧过程。按照前文介绍的排放源分类方法,火电部门第一级分类为化石燃料固定燃烧源,第二级分类按发电和供热燃料分为电力生产、工业/民用热力生产和供应,第三级分类为煤炭、石油、天然气等化石燃料,第四级分类为煤粉炉、流化床炉、自动炉排层燃炉、燃油锅炉、燃气锅炉等各种发电设备。由排放源第一级分类至第四级分类建立完整的火电部门排放清单,分别计算发电和供热排放量,计算方法为

$$E = A \times EF \times (1 - \eta)$$

式中,A 为逐个排污设备燃料消耗量;EF 为污染物产生系数;η 为污染控制措施对污染物的去除效率,在安装了碳捕集与封存装置的火电厂,对于 CO_2 该参数取值,在其他情况下对于 CO_2 该参数一般取 0。

火电部门以机组为单位获取活动水平数据,包括机组装机容量、发电机组运行时间、脱硫设施运行时间、在线监测浓度数据等。燃煤硫分和灰分以分批次入炉煤质数据为准,通过加权方法计算平均硫分和灰分。对于热电联产企业,应按照电厂生产报表数据分别获取其用于发电和供热的燃料消耗量,以计算电力和供热部分排放量。活动水平数据调查收集应与环境数据统计体系结合,从总量核查、环境统计和污染源普查等数据库获取有关信息,

并开展实地调查补充。机组装机容量、投产时间、燃料消耗量、硫分、灰分、锅炉类型、燃烧方式、脱硫脱硝设施类型、综合去除效率等可以直接从总量核查数据中获取；排污设备生产运行时间、除尘设施类型等可以从污染源普查数据、环境统计数据中获取。在此基础上，电力、热力生产和供应部门应补充开展实地调查，完善活动水平数据，重点获取污染控制设施运行时间、在线监测浓度数据、企业生产报表和分批次入炉煤质数据等。

排放系数优先采用实测法获取，也可以收集污染源在线监测数据（燃料组分、烟气中污染物浓度和氧含量等）计算。在难以开展排放源实测或收集监测数据的地区，可以通过物料衡算法和检索排放系数数据库获取第四级排放源分类的排放系数。

火电部门综合脱硫（硝）效率可由脱硫（硝）设施投运率与脱硫（硝）效率相乘获得。其中，脱硫（硝）设施投运率为脱硫（硝）设施运行时间占发电机组运行时间的比例；脱硫（硝）效率可通过查询《城市大气污染源排放清单编制技术手册》附录提供的排放系数数据库获取。其他污染物排放系数和污染控制设施去除效率，可以通过排放源所属第四级分类查询《城市大气污染源排放清单编制技术手册》附录提供的排放系数数据库获取。

2. 工业部门

工业部门排放涉及化石燃料固定燃烧源、工艺过程源、溶剂使用源等多个排放源。此处主要介绍化石燃料固定燃烧源和工艺过程源。

1）化石燃料固定燃烧源

以采矿业和制造业为例，第四级排放源分类的排放量计算公式为

$$E = A \times EF \times (1-\eta)$$

式中，A 为第四级排放源分类燃料消耗量，对于点源 A 为排污设备活动水平，对于面源 A 为排放清单中最小行政区单元活动水平；EF 为污染物或 CO_2 产生系数；η 为污染控制设施对污染物的去除效率，对于 CO_2 该参数一般取 0。

活动水平数据调查范围包括采矿业和制造业下属各类行业，按照点源和面源分别处理。35 蒸吨 / 小时及以上工业锅炉应按照点源处理，10 蒸吨 / 小时及以下工业锅炉应按照面源处理，10～35 蒸吨 / 小时工业锅炉可根据当地实际情况酌情按照点源或面源处理。

点源应逐个调查收集排污设施活动水平信息，须获取的数据包括排污设施经纬度、燃料类型、锅炉类型、燃料消耗量、污染控制设施类型、生产负荷时间变化曲线等，其中燃煤锅炉须获取燃煤灰分和硫分。根据每个排污设施的燃料类型、锅炉类型和污染控制设施类型确定所属第四级排放源分类。对于安装了烟气排放连续监测系统的排污设施，还需要获取每个烟道监测断面的污染物小时平均排放浓度、小时平均烟气排放量和总生产小时数。

面源应按照排放清单最小行政区单元收集活动水平信息。首先获取第二级排放源分类活动水平，包括行政区名称、区划代码和分行业燃料消耗量等。通过实地调研、类比调查等途径获取第三级、第四级排放源分类技术分布比例，计算得到第四级排放源分类活动水平。

活动水平数据调查收集应与环境数据统计体系结合，从环境统计和污染源普查等数据库中获取相关企业信息，并通过开展实地调查补充完善。在点源活动水平信息中，燃料消耗量、燃煤灰分和硫分、锅炉类型、燃料类型和除尘设施类型等可以直接从污染源普查数据库中获取，而排污设施经纬度和其他污染物控制设施类型应根据实地调查补充完善。在面源活动水平信息中，各区县分行业燃料消耗量、各类型锅炉和除尘设施比例可以从污染源普查数据库中获取。对于面源，应在排放清单编制区域内有针对性地开展中小型锅炉活动水平数据调查，补充环境数据统计体系的缺失和遗漏。

排放系数优先使用实测法获取，也可以通过收集污染源在线监测数据（燃料组分、烟气中污染物浓度和氧含量等）计算。在难以开展排放源实测或收集监测数据的地区，可以通过物料衡算法和检索《城市大气污染源排放清单编制技术手册》附录提供的排放系数数据库获取第四级排放源分类的排放系数。

2）工艺过程源

以水泥行业为例，第四级排放源分类污染物排放量计算公式为

$$E = A \times EF \times (1-\eta)$$

式中，A 为第四级排放源分类活动水平，如熟料产量或水泥产量，对于点源，A 为逐条生产线活动水平，对于面源，A 为排放清单中最小行政区单元活动水平；EF 为各污染物和 CO_2 的产生系数，此处 CO_2 是由水泥生产过程中原料高温分解（如 $CaCO_3 \rightarrow CaO + CO_2$）等产生的，不包括已经在化石燃料固定燃烧源中计算的碳排放；η 为污染控制技术对各污染物的去除效率，对 CO_2 该参数一般取 0。

水泥行业活动水平数据调查范围应包括排放清单编制区域内从事水泥熟料和水泥生产的全部工业企业，排放源应按照点源处理。

换言之，水泥行业排放源应逐个调查收集排污设施活动水平信息，需要获取的数据包括排污设施经纬度、生产设施类型、生产规模、熟料产量、水泥产量、各排放节点的污染控制措施、污染物去除效率、生产负荷时间变化曲线等。根据每个排污设施的工艺类型和污染控制设施类型确定所属第四级

排放源分类。对于安装了烟气排放连续监测系统的排污设施，还需要获取每个烟道监测断面的污染物小时平均排放浓度、小时平均烟气排放量和总生产小时数。

活动水平数据调查收集应与总量核查核算体系全口径水泥企业信息对接，同时结合污染源普查和环境统计等数据库相关信息，并通过开展实地调查补充完善。在点源活动水平数据中，水泥熟料生产设施类型、生产规模、产品产量、脱硝设施类型和脱硝效率等可以直接从总量核查核算体系数据中获取；水泥粉磨的生产规模、产品产量可以同时结合总量核查核算体系数据、污染源普查数据库、环境统计数据库综合对接获取；水泥企业的部分除尘设施类型可以从污染源普查数据库中获取；排污设施经纬度和其他不能直接获取的信息应通过开展实地调查补充完善。

尽可能收集与排放清单目标年份对应的活动水平数据。目标年份活动水平数据缺失的，应采用相邻年份活动水平数据，并根据社会经济发展状况进行适当调整。

污染物产生系数优先采用实测法获取，也可以收集污染源在线监测数据（燃料组分、烟气中污染物浓度和氧含量等）计算。难以开展排放源实测或收集监测数据的地区，可以通过物料衡算法和检索《城市大气污染源排放清单编制技术手册》附录提供的排放系数数据库获取第四级排放源分类的排放系数。CO_2 排放系数可以从《省级温室气体排放清单编制指南》中获取，有条件的地区也可以进行实测。

3. 交通部门

此处以道路移动源为例说明交通部门的排放清单编制方法。基于第四级排放源分类计算排放量，按照面源进行处理，计算公式为

$$E = P \times \text{EF} \times \text{VKT}$$

式中，P 为机动车保有量；EF 为基于行驶里程的排放系数；VKT 为年均行驶里程。

道路移动源需要获取的活动水平数据包括各类机动车车型、所属地、保有量、注册年代及排放控制水平等。机动车车型及其保有量和注册年代数据可以从交管部门获取，不同排放控制阶段车辆数据可以从生态环境保护相关部门机动车环保检测管理系统数据库中获取。在不具备车辆环保检测数据时，可以参考当地机动车排放标准实施进度，根据车辆登记注册年代判定排放控制阶段。根据机动车燃料类型、车型及排放控制水平可以确定道路移动源所属第四级排放源分类。年均行驶里程应通过实地调查获取，即基于当地机动车年检数据，分车型统计累积行驶里程和车辆使用年限，计算年均行驶里程；当不具备机动车年检数据时，可以通过随机抽样走访大型停车场，实地调查分车型年均行驶里程数据；在未开展实地调查的地区可以查询使用《城市大气污染源排放清单编制技术手册》附录提供的全国平均年均行驶里程数据。

机动车尾气排放系数由基准排放系数结合实际情况修正获得，计算公式为

$$\text{EF} = \text{BEF} \times \varphi \times \gamma \times \lambda \times \theta$$

式中，BEF 为基准排放系数；φ 为环境修正因子；γ 为平均速度修正因子；λ 为劣化修正因子；θ 为其他使用条件（如负载系数、油品质量等）修正因子。

基准排放系数 BEF 表征在平均行驶工况、油品质量和环境条件下的车辆排放水平。各机动车车型的基准排放系数对应的条件为：典型城市工况（30km/h）；2014 年全国平均劣化状况；温度为 15℃，相对湿度为 50%，低海拔；汽油无乙醇掺混且含硫量为 50ppm，柴油含硫量为 350ppm；柴油车载

重系数为 50%。《城市大气污染源排放清单编制技术手册》附录提供了道路移动源各机动车车型的基准排放系数。

环境修正因子 φ 是为了反映环境因素（温度、湿度、海拔等）对车辆排放状况的影响而引入的修正系数，由温度修正因子、湿度修正因子和海拔修正因子计算得到。环境修正因子的计算公式为

$$\varphi = \varphi_{Temp} \times \varphi_{RH} \times \varphi_{Height}$$

式中，φ_{Temp} 为温度修正因子；φ_{RH} 为湿度修正因子；φ_{Height} 为海拔修正因子。《城市大气污染源排放清单编制技术手册》附录提供了温度修正因子、湿度修正因子和海拔修正因子，可以根据当地实际条件选用。另外，排放水平受环境因素影响不大的机动车车型和污染物未在《城市大气污染源排放清单编制技术手册》附录中列出，其环境修正因子取 1 即可。

平均速度修正因子 γ 是为了反映行驶速度对车辆排放状况的影响而引入的修正系数。《城市大气污染源排放清单编制技术手册》附录分 <20km/h、20～30km/h、30～40km/h、40～80km/h、>80km/h 五个速度区间提供了平均速度修正因子，可以根据本地实际道路工况选用。

劣化修正因子 λ 是为了反映随行驶里程增加车辆状况劣化、排放系数升高而引入的修正系数。《城市大气污染源排放清单编制技术手册》附录提供了以 2014 年为基准年份，2015—2018 年各机动车车型的劣化修正因子，2014 年前各机动车车型的劣化修正因子取 1。在编制排放清单时应基于目标年份选择劣化修正因子。

其他使用条件修正因子 θ 是为了反映油品含硫量、乙醇掺混度和柴油车载重对车辆排放状况的影响而引入的修正系数。其他使用条件修正因子可以根据

当地实际情况通过查询《城市大气污染源排放清单编制技术手册》附录确定。

综上所述，为了得到各项修正因子，需要获取的数据包括城市温度、湿度、海拔、道路平均车速、油品含硫量、乙醇掺混度和柴油车载重。温度、湿度和海拔数据可以查询当地环境统计年鉴获取；道路平均车速可以通过交管部门获取；油品质量数据可以调研油品销售主管业务部门获取；柴油车载重数据可以调研道路收费站获取。

排放清单编制过程应根据实际情况查询《城市大气污染源排放清单编制技术手册》附录计算各项修正因子。如果实际情况与附录中的参数不符，则可以基于线性插值确定相应条件下的各项修正因子。

4. 民用部门

对于民用源第四级排放源分类，其排放量计算公式为

$$E = A \times \text{EF} \times (1-\eta)$$

式中，A 为第四级排放源分类燃料消耗量；EF 为污染物产生系数；η 为污染控制设施对污染物的去除效率。

民用源一般按面源处理，应调查收集排放清单中最小行政区单元活动水平数据，从当地统计部门获取民用部门分能源品种的能源消费量。若当地不具备该数据，则可以通过当地能源消费总量扣除电力、工业能源消费量获取；或者采用上一级行政区民用源的活动水平数据，基于人口密度等参数权重分配到排放清单编制行政区单元。获取的活动水平数据一般为第二级排放源分类活动水平数据，通过实地抽样调研、类比调查等途径获得第三级、第四级排放源分类技术比例，如分散供暖锅炉、民用炉灶比例等，进而确定第四级排放源分类活动水平。

获取民用源活动水平数据应统计调研和实地调查并重。在宏观统计数据约束下，通过实地调查补充缺失的活动水平数据。民用承压锅炉信息可以从当地市场监督管理部门获取，常压锅炉数据需要在分散供暖区域开展实地调查获得。民用源活动水平数据实地调查应重点关注民用散煤，从统计部门、发展改革委、农业部门等调研获取相应的燃料使用量；针对统计基础薄弱的农村地区，应适当开展实地调查。

民用锅炉排放系数参考采矿业和制造业等工业锅炉排放系数的处理方式获取。工作基础较好的城市应对当地典型民用燃料和炉灶类型开展实际排放系数测试；未开展实际排放系数测试的城市可以选取《城市大气污染源排放清单编制技术手册》附录提供的排放系数。各城市应根据活动水平数据调查情况，选用适合本地排放源分类分级体系的排放系数。

▶▶ 2.1.5 数据获取方法

排放清单编制所需数据，可以概括为活动水平数据与排放系数两个方面。两者既是排放计算的基础依据，也是排放结果不确定性的主要来源。

1. 活动水平数据

在收集活动水平数据时，针对第四级排放源分类逐一编制活动水平数据调查方案，建立活动水平数据调查清单，确定活动水平数据调查流程，明确活动水平数据获取途径。活动水平数据调查收集过程可与现有数据统计体系结合，从环境统计、污染源普查和排污申报等数据库中获取相关信息。活动水平数据调查应尽可能收集与基准年份对应的数据。基准年份活动水平数据缺失的，可采用相邻年份活动水平数据，并根据社会经济发展状况进行调整。如果城市有完整的能源平衡表和工业产品产量，则应作为对应年份城市排放源活动水平的总约束，对存在差异的排放源应分析核对，并进行适当调整。

2. 排放系数

本书采用文献调研与排放实测相结合的方法，建立了适用于我国的主要大气污染物与温室气体排放系数数据库，并应用在城市尺度排放清单编制中。以下简述排放系数的获取方法。

1）大气污染物

大气污染物排放系数获取方法一般包括实测法、物料衡算法和文献调研法。各城市可根据自身实际工作基础选用合适的排放系数获取方法。

有条件的地区可针对当地重点排放源开展实际排放系数测试，获取反映当地排放源特征的排放系数。实际排放系数测试应在排放源正常运行条件下开展，以获取排放源的正常排放水平。

物料衡算法是指通过对输入物质和输出物质的详细分析确定产生系数，再结合污染控制设备或控制措施的去除效率获取最终排放系数。大型、中型燃煤设备的 SO_2 和颗粒物的排放系数，以及溶剂使用源的 VOCs 等的排放系数可以采用物料衡算法估算。

受测试条件与方法适用性的限制，部分排放源的排放系数需要通过文献调研法来获取。此处所指的文献，不仅包括已发表的科研论文、学术报告，而且包括已建成的排放系数数据库。国外主流的排放系数数据库有美国 AP-42 排放系数手册、欧盟 EMEP/EEA 排放系数库。国内的排放系数数据库可以参考《城市大气污染源排放清单编制技术手册》《排放源统计调查产排污核算方法和系数手册》，或者其他文献资料。排放清单编制者可以基于本书建立的排放源分类分级体系，根据实际情况对排放源逐个进行文献调研，收集国内外排放系数测试结果和数据库,同时建立排放系数优选规则,综合评定排放系数测试值的质量等级,最终确定适用的排放系数。若排放系数确定有困难,则可选用"大气污染源排放清单编制与分析系统"内置的产生系数和污染控制措施去除效率。

2)温室气体

温室气体排放系数的获取方法主要有研究测试、企业生产检测及国际或国内推荐数据。

已有研究多采用《IPCC 国家温室气体清单指南》发布的排放系数建立温室气体排放清单,但 IPCC 给出的排放系数难以准确反映我国部分排放源的实际排放水平。

Liu 等针对我国当前的能源结构和 CO_2 排放特点开展研究,采集我国各种能源样品 20000 余组,样品类别涵盖中国化石能源消耗量的 95% 以上。该研究对能源样品进行了分析,并核算了我国各能源类型的排放系数。结果显示:我国煤炭的排放系数比 IPCC 的推荐值低 45%,油品和燃气类的排放系数与 IPCC 的推荐值相近。我国煤炭中灰分含量较高(平均值为 27%,美国平均值为 14%),因此我国煤炭中的含碳量远低于发达国家及世界煤炭的平均含碳量。研究测定显示:我国煤炭的平均含碳量为 54%,而 IPCC 提供的默认值为 75%。含碳量低会造成热值较低,该研究测定的我国煤炭的热值为 20.6PJ/Mt,IPCC 的推荐值为 28.2PJ/Mt,如图 2-5 所示[25]。

碳氧化率指的是燃料中的碳在燃烧过程中被氧化成 CO_2 的比率。该研究调查了我国燃料燃烧的碳氧化率,研究发现我国煤炭在不同工业技术类型下的平均碳氧化率为 92%,低于 IPCC 的推荐值 98%,油品和天然气的氧化系数

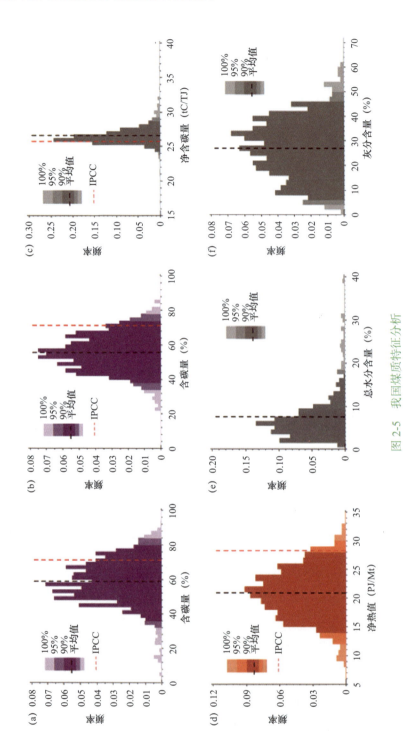

图 2-5 我国煤质特征分析

经核算与 IPCC 的推荐值无明显差异。该研究综合调查了 135 种主要燃烧技术，加权平均得到我国燃煤平均碳氧化率。分析发现，该值与 IPCC 的推荐值差异明显的原因主要是我国仅有 40% 的煤炭在火力发电中消耗，其余大部分煤炭用于各类工业锅炉，我国工业技术水平多样，并且不同行业、不同地区燃烧技术和锅炉规模差异巨大；IPCC 以发达国家的经验和技术水平为基准，其煤炭 90% 用于火力发电燃烧，而火力发电具有较高的燃烧效率和氧化系数。

水泥工业在生产煅烧过程中会分解碳酸钙和碳酸镁释放 CO_2，在我国工业过程碳排放总量占有较大比重。本研究开展了全国范围内大样本的水泥生产线实测工作，获得了详尽的水泥生产过程碳排放系数及相关参数，计算得到我国的水泥—熟料系数（约 60%）。该值远低于国际组织采用的水泥—熟料系数（95%），存在差异的原因是我国水泥产量巨大，并且较多水泥厂采用多种类型水泥混合使用的方法，而发达国家水泥多为硅酸盐水泥（通称波特兰水泥）。基于此，中国水泥生产过程碳排放系数比 IPCC 的推荐值低 30% 左右。

鉴于 IPCC 推荐的排放系数与国内实际情形存在的差异，本书推荐各地优先采用国内的排放系数数据库，主要有《中国温室气体清单研究》《2005 年中国温室气体清单研究》《省级温室气体清单编制指南》《中国城市温室气体清单编制指南》等。如果城市的生产工艺、生产技术水平或燃料类别和我国平均水平显著不同，则应自行开展排放系数研究，根据实测的燃料含碳量、低位发热值和碳氧化率计算排放系数。

▶▶ 2.1.6　排放空间分配

排放空间分配是指生成排放空间栅格，以满足空气质量模型的输入需求。排放空间分配应尽可能在第四级排放源分类层面完成，点源和面源有不同的处理方式。点源在活动水平数据调查时需要收集排污设备经纬度，具有明确的位置标识，应根据排污设备经纬度坐标将点源排放直接定位在网格。面源标识到行政区，采用"代用参数权重法"将排放分配到网格，利用与排放相关性高的代用参数栅格数据对排放进行网格化，即将每个网格覆盖的栅格数据占所在行政区的比例作为权重，将各行政区的排放量分摊到网格；跨行政区边界的网格，按照面积比例计算分配权重。常用代用参数包括总人口、城市人口、农村人口和路网密度等，根据第一级排放源分类确定栅格数据类型。

2.2 数值模拟

2.2.1 数值模拟概述

$PM_{2.5}$是空气动力学直径小于2.5μm的细模态粒子，能够进入肺泡对人体造成严重的健康影响，是城市空气质量达标分析的核心指标。大量的流行病学研究证实，暴露于$PM_{2.5}$中会对人体健康造成不良影响，包括增大心血管疾病与呼吸道疾病的发病概率，甚至造成人群过早死亡。目前，研究认为$PM_{2.5}$对人体健康的负面影响并不存在浓度阈值下限。此外，由于$PM_{2.5}$的粒径范围与可见光波长范围接近，因此$PM_{2.5}$对可见光具有很强的散射能力，会造成能见度的显著下降，引发灰霾天气。另外，$PM_{2.5}$还会通过改变地表辐射强迫和影响云微物理特性，改变地气辐射收支平衡，进而对气候系统和局地天气系统产生影响；同时，$PM_{2.5}$沉降也会对生态系统产生一定的负面影响。

对$PM_{2.5}$污染变化的评估通常以长时间序列的地面观测数据为基础。但在

2012 年之前，PM$_{2.5}$ 并不属于《环境空气质量标准》(GB 3095—1996) 及其修改单关注的污染物，因此，以往的环境空气质量常规监测并未将 PM$_{2.5}$ 浓度纳入监测范畴，政府环境质量公报中也未对 PM$_{2.5}$ 浓度进行报道，仅有少数科研机构开展了 PM$_{2.5}$ 监测工作[26]。然而，这些研究存在空间覆盖有限、时段覆盖各异、观测手段不一等问题，不利于定量评估空气质量的变化情况。

空气质量模型（大气化学传输模式）是一种获取环境 PM$_{2.5}$ 浓度时空分布的有效工具，能够提供时空连续的近地面 PM$_{2.5}$ 浓度信息，被广泛用于空气质量评价工作。环境 PM$_{2.5}$ 浓度由大气污染物排放速率和气象条件决定，并受到大气物理过程和大气化学过程的影响。空气质量模型基于当前科学研究对大气物理过程和大气化学过程的认知，利用数值模拟方法，将与空气质量相关的大气物理过程和大气化学过程参数化，进而定量描述大气污染物的迁移和转化。空气质量模型虽然具有计算消耗大且精度较低的缺点，但它能够提供完整时空序列的模拟结果，这是其他类型的数据集难以实现的。同时，空气质量模型能够通过调整排放清单和气象参数来设计敏感性试验，可以更好地服务于政策评估的相关研究。

空气质量模型的研究始于 20 世纪 60 年代，随着研究的逐步深入，人们对大气过程的理解也逐渐加深，空气质量模型也已发展至第三代。第一代空气质量模型从高斯扩散模型衍生而来，采用简单的线性机制，缺少化学反应模块或仅采用简单的化学反应模块，代表模型包括 ISC 模型（Industrial Source Complex Model）、CALPUFF 模型和 EKMA（Empirical Kinetics Modeling Approach）。第二代空气质量模型以欧拉网格模型为基础，相对于第一代空气质量模型显著改进了化学模块的表现能力，用于研究酸沉降和光化学污染等"单一污染问题"，但缺少大气污染过程之间的耦合。第二代空气质量模型的代表模型包括 UAM（Urban Airshed Model）、ROM（Regional Oxidant Model）

和 RADM（Regional Acid Deposition Model）。第一代空气质量模型和第二代空气质量模型的化学模块均无法详细描述大气中 $PM_{2.5}$ 的生成机制，难以准确模拟 $PM_{2.5}$ 的时空分布。建立在"一个大气"设计理念基础上的第三代空气质量模型则能够将多种污染物的物理过程、化学过程统一在一个模型框架内，使空气质量模型能够用于研究"多尺度多污染问题"，显著增强了空气质量模型对决策支持的可靠性。目前的研究多采用第三代空气质量模型进行空气质量模拟和决策评估，常用的模型包括 CAMx 模型（Comprehensive Air Quality Model with Extensions）、CMAQ 模型（Community Multi-Scale Air Quality Model）、WRF-Chem 模型（Weather Research and Forecasting Model Coupled to Chemistry）、GEOS-Chem 模型（Goddard Earth Observing System-Chemistry）。

▶▶ 2.2.2　WRF-CMAQ 模型

进行城市空气质量达标分析，需要借助空气质量模型针对 $PM_{2.5}$ 浓度开展数值模拟，通过循环迭代得到大气环境容量。研究所需的空气质量模型应满足以下三个要求：

（1）能充分考虑各污染物之间的物理传输过程及化学转化过程，可以模拟多种污染物之间的协同效应；

（2）能够用于模拟局地、区域、全国多级尺度的大气环境问题；

（3）能一次性模拟 SO_2、NO_2、PM_{10}、$PM_{2.5}$、O_3、酸雨等多种大气污染过程，特别是能模拟区域复合型大气污染过程。

CMAQ 模型基于"一个大气"的设计理念，考虑了复杂的物理过程及化学过程，能够同时模拟多尺度、多物种、多过程的复杂大气环境，是满足本研究空气质量模拟要求的主流数值模型。CMAQ 模型需要气象数据驱动，因此，本研究搭建 WRF-CMAQ（Weather Research and Forecasting-Community Multi-Scale Air Quality）空气质量模拟系统，用以分析不同措施组合情景下的城市空气质量状况。

WRF 是为了满足大气科学研究和业务化预报需求，由美国国家大气研究中心（National Center for Atmospheric Research，NCAR）主持开发的下一代中尺度数值天气预报系统。WRF 包含两个动态求解系统，分别是由美国国家大气研究中心开发的 ARW（Advanced Research WRF）和由美国国家环境预报中心（National Centers for Environmental Prediction，NCEP）开发的 NMM（Non-Hydrostatic Mesoscale Model）。目前，多数研究采用 ARW 动态求解系统的 WRF 版本进行气象参数的模拟，本研究同样采用此版本来模拟中国地区气象参数的变化情况，用来给 CMAQ 模型提供气象场输入。

CMAQ 模型是由美国环境保护署（U.S. Environmental Protection Agency，USEPA）主持开发的第三代空气质量模型，主要由边界条件模块（BCON）、初始条件模块（ICON）、光分解率模块（JPROC）、气象—化学预处理模块（MCIP）和化学输送模块（CCTM）构成，如图 2-6 所示。CCTM 是 CMAQ 的核心，污染物在大气中的扩散和输送过程、气象化学过程、气溶胶化学过程、液相化学过程、云化学过程、动力学过程均由 CCTM 提供输入数据和相关参数，其他模块的主要功能是为 CCTM 提供输入数据和相关参数。CCTM 可输出多种气态污染物和气溶胶组分的逐时浓度，以及逐时能见度和干湿沉降。CMAQ 模型所需气象数据由 WRF 中尺度数值天气预报系统模拟，WRF 输出的结果经 MCIP 处理后作为 CMAQ 模型的气象场输入。

CMAQ 模型所基于的"一个大气"的设计理念（见图 2-7），将大气中的各种污染物和污染问题通过化学反应紧密关联，强调大气物理过程和化学过程的整体性，同时模拟多种污染物和污染问题，包括光化学反应、颗粒物、酸沉降和能见度等。

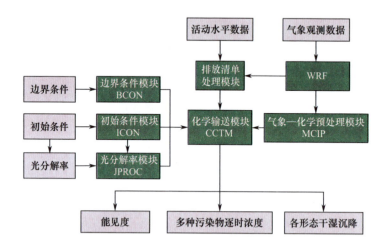

图 2-6　WRF-CMAQ 空气质量模拟系统框架

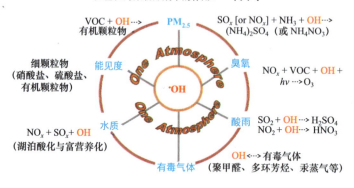

图 2-7　"一个大气"的设计理念

CMAQ 模型具有很好的通用性，其采用广义坐标系，使得模型在空间上能够进行多尺度、多层次网格的模拟。CMAQ 模型通过 IO/API 接口实现模型输入、输出数据的标准化，方便了模型各个模块的连接和数据交换。

CMAQ 模型拥有灵活的模块化结构，使用者可以根据需要对模块进行组合、修改和置换。CMAQ 模型为主要的大气物理过程和化学过程都提供了多种参数化方案，便于使用者根据研究目的筛选适合的化学模式。例如，在 CMAQ v5.0.2 中，化学模块有 cb05cl、cb05cl_ae5、saprc99、saprc99_ae5 等可供选择，气溶胶模块有 aero4、aero5、aero6 等可供选择。使用者可以对大气物理过程和化学过程的机理或算法进行修改，或者加入新的过程模块，作为大气化学反应机理研究的平台。

2.2.3 区域传输影响

受气象条件的影响，排放到大气中的污染物会伴随上升气流不断抬升进入高空，并有可能在高空中随着气团快速移动，最终输送到离污染源很远的地方，再随下沉气团沉降至地表，从而形成区域间的污染物传输。

BFM（Brute Force Method）通过关闭某一地区的污染源来计算这个地区对研究区域的污染物浓度贡献，在大气污染物来源研究中得到了非常广泛的应用。为分析研究区域周边的大气污染物传输贡献，本研究借助 WRF-CMAQ 模型，基于 BFM 设计 1 个基准情景和 1 个排放置零情景，模拟在不同情景下大气污染物的时空分布特征，进而根据排放关闭（或扰动）的敏感性试验和基准试验的差异来衡量区域传输对污染物浓度的贡献，定量评估周边地区对研究区域大气主要污染物浓度的传输影响。其中，基准情景采用研究区域基准年份或目标年份的实际排放量；排放置零情景将研究区域所有排放量均置零，其他设置同基准情景。排放置零情景的模拟结果即可描述周边地区对研究区域的污染物传输影响。

2.2.4 大气环境容量

大气环境容量是指一个区域在某种环境目标（如空气质量达标或酸沉降

临界负荷）约束下的大气污染物最大允许排放量。大气环境容量是大气污染物总量控制和空气质量管理的重要依据，是某区域大气环境系统对该区域发展规模，以及各类活动要素的最大容纳阈值。与大气环境承载力相比，大气环境容量对大气污染总量控制、环境空气质量改善有更直观、更具体的支撑作用。

我国采取的大气污染物总量控制总体来说有下列几种形式。

（1）理想大气环境容量总量控制。大气环境自净规律复杂，存在复杂的物理过程、化学过程，一些大气环境自净规律尚处于科学研究前沿探索阶段，理想大气环境容量的不确定性较大。

（2）目标大气环境容量总量控制。在区域评价中通常使用的方法是，将环境空气质量目标或相应的标准看作确定大气环境容量的基础，即一个区域的排污总量应以其保证环境空气质量达标条件下的最大纳污量为限。

（3）指令性大气环境容量总量控制。国家和地方按照一定原则在一定时期内下达的主要污染物排放总量控制指标就是指令性大气环境容量总量控制。所进行的分析工作主要是，如何在总量控制指标范围内确定各小区域的合理分担率，一般要根据区域社会、经济、资源和面积等代表性指标比例关系，采用对比分析和比例分配法进行综合分析来确定。指令性大气环境容量总量控制的优点是简便易行、可操作性强、见效快，但是其缺点是控制的污染物排放总量与环境空气质量没有直接联系，无法说清污染源如何削减，以及削减到什么程度才能实现环境空气质量达标。

按照环境空气质量达标判别方式划分，大气环境容量可以基于城市点位平均值达标、所有空气质量点位达标、年均浓度达标、日均浓度达标等多种方式进行总量控制。

1. 传统估算方法

传统的大气环境容量估算方法有 A-P 值法和线性规划法。

A-P 值法是最简单的大气环境容量估算方法，其特点是不需要已知污染源的布局、排放量和排放方式，根据地域面积及自然条件，就能粗略估算研究区域的大气环境容量。其简单易行，对相关决策和提出区域总量控制指标有一定的参考价值。但是，A-P 值法难以考虑外来污染源和本地扬尘源对环境的影响，其通常将外来污染源和本地扬尘源共同作为环境本底考虑，无法估算本地扬尘源的最大允许排放量。同时，A-P 值法是强制削减，在削减时不考虑不同污染源对环境空气质量的贡献，导致有些对环境空气质量影响较小但排放量较大的污染源削减量偏大，而对环境空气质量影响较大的污染源往往排放垂直高度低但排放量并不大，A-P 值法对这类污染源的削减量偏小。

线性规划法可以较细致地反映"排放源—受体"的响应关系，同时可以在区域上对大气环境容量进行优化配置。但是，线性规划法受到线性响应关系的制约，难以表征大气复合污染中的复杂非线性过程。

传统大气环境容量估算方法主要存在如下问题。

（1）气态污染物的大气环境容量估算方法各有所长，但理论上计算的各污染源允许排放量均存在经济、技术是否可行的问题。

（2）传统的颗粒物总量控制仅针对烟尘和工业粉尘等有组织排放源，无法直接与环境空气质量挂钩，无法估算颗粒物大气环境容量。环境空气中的颗粒物来自多种排放源类，每类排放源对环境空气中颗粒物的贡献都会占去一定的大气环境容量。因此，根据环境空气质量目标，对颗粒物实施目标大气环境容量总量控制，应考虑各排放源类对环境空气中颗粒物浓度的贡献值和分担率，并通过一定的技术方法和手段确定各排放源类的目标允许排放量和贡献值。只有这样才能使颗粒物的总量控制与环境空气质量挂钩，才能回答颗粒物总量控制方案能否实现环境空气质量达标等难题。另外，从经济、技术可行性角度考虑，在进行颗粒物总量控制时应充分考虑各排放源类的可削减空间。虽然采用清洁能源是解决大气污染的有效途径，但从我国国情出发，今后一段时期内多数城市以煤炭为主的能源格局不会发生根本性改变。在所有颗粒物排放源类中，煤烟尘是与社会、经济发展联系最为密切的排放源类。一般而言，煤烟尘的治理水平相对较高、可控空间较小，不能与其他排放源类同等对待，即不能与其他排放源类进行等比例削减，应在保持经济发展的同时，在可能的空间内最大限度地进行削减；而开放排放源类的可削减空间较大，并且控制成本相对较低，扬尘治理的环境效益更显著，应将扬尘源作为优先削减的排放源类。

(3) 传统的大气污染物总量控制仅计算一次污染物的大气环境容量，不考虑气态前体物与二次颗粒物之间的关系，而二次颗粒物对于 $PM_{2.5}$ 浓度有不可忽视的影响。

城市大气环境容量估算所考虑的空间范围、污染源排放、污染传输与转化等具有如下主要特点：

(1) 区域空间尺度大，为几十到数百千米，下垫面和气象条件复杂；

(2) 排放源多样、分布不均，并且数量众多；

(3) 大气污染具有区域性和复合性，特别是二次污染过程不可忽略。

针对以上特点，采用 A-P 值法、线性规划法这类传统大气环境容量估算方法存在较大的不确定性。

2. WRF-CMAQ 方法

为克服传统大气环境容量估算方法存在的种种缺陷，本研究基于空气质量模型 WRF-CMAQ 和城市大气污染源排放清单，采取以环境空气质量达到规划目标值为约束条件的大气环境容量迭代算法，考虑气象条件和人为因素的影响，在模型模拟大气中复杂的物理过程和化学过程的基础上，以城市 $PM_{2.5}$ 年均浓度达到 $35.0\mu g/m^3$ 为目标，分别模拟城市 SO_2、NO_x、一次 $PM_{2.5}$、NH_3 和 VOCs 相应的最大允许排放量，为制定城市大气污染防治策略提供科学依据。具体方法如下。

（1）基准情景 $PM_{2.5}$ 年均浓度模拟。基于 WRF-CMAQ 模型搭建适用于城市的空气质量模拟系统，模拟基准年份 1 月、4 月、7 月、10 月城市 $PM_{2.5}$ 及关键组分的平均浓度。

（2）$PM_{2.5}$ 达标限值设定。依据环境空气质量目标规划中的 $PM_{2.5}$ 阶段性目标，以及基准年份 1 月、4 月、7 月、10 月模拟的城市硫酸盐、硝酸盐、铵盐、一次 $PM_{2.5}$ 占 $PM_{2.5}$ 的平均比例，设置 $PM_{2.5}$、硫酸盐、硝酸盐、铵盐、一次 $PM_{2.5}$ 年均达标限值。

（3）削减方案制订。假定污染物在一定减排范围内，其排放量与 $PM_{2.5}$ 浓度成线性关系，根据硫酸盐、硝酸盐、铵盐、一次 $PM_{2.5}$ 年均浓度与达标限值之间的比值，结合污染源排放清单和颗粒物来源解析结果，分别制订 SO_2、NO_x、NH_3、一次 $PM_{2.5}$ 的减排方案。

（4）基于削减方案计算新的多污染物排放清单，模拟在新的削减方案下城市 $PM_{2.5}$ 及关键组分的年均浓度，然后重复（3）、（4）过程，直至 $PM_{2.5}$ 年均浓度达标，得到 SO_2、NO_x、一次 $PM_{2.5}$ 的最大允许排放量，即在该 $PM_{2.5}$

浓度目标约束下的大气环境容量。

影响大气环境容量估算的因素既包括环境空气质量标准、污染源排放清单、污染成因、外来污染源输送影响等人为因素，也包括气象条件、地形地貌、污染物背景值浓度等自然因素。因此，在估算大气环境容量时，本研究基于以下假定。

（1）污染源布局不发生显著改变。本研究假设目标年份研究区域的污染源布局相对稳定，不发生重大变化。

（2）气象条件不发生显著变化。城市的风速、风向、混合层高度、降水等气象因素在不同年份会发生波动，本研究基于基准年份的气象条件估算。

（3）周边城市在目标年份也按一定比例减排。区域传输对环境空气质量达标的影响不容忽视，同时考虑周边的污染减排既符合实际，又提高了整体减排的可信度。

2.3 措施评估

2.3.1 措施评估概述

随着工业化和交通工具的迅速发展，城市化进程加快，导致煤、石油、天然气等化石燃料大量消耗，带来了大气环境污染。世界气象组织（World Meteorological Organization，WMO）自 2001 年起就对城市空气污染及不同排放控制策略的影响评估等进行了研究。已有研究主要从定量分析和定性分析两个角度探讨大气污染控制政策对环境空气质量的影响。

定性分析是指，通过观测或文献调研，获取所需的污染物浓度数据，或者其他表征环境空气质量的指标，比较大气污染控制政策执行前后各项污染物的浓度或环境空气质量指标的变化情况，进行简要、直观的对比分析。定性分析没有综合考虑同种大气污染控制政策对多种污染物的作用、不同大气污染控制政策对污染物的协同影响、气象条件变化造成的差异等其他影响环境空气质量指标的因素，其结果通常存在较大的不确定性。

定量分析是指，采用基于回归模型的统计分析方法、基于实际活动水平的排放清单方法、基于空气质量模型的数值模拟方法，量化研究大气污染控制政策实施的影响。在基于回归模型的统计分析定量研究方面，研究者通常采用回归分析计量建模的方法，常见的有普通最小二乘法回归（Ordinary Least Squares，OLS）方法、双重差分（Difference in Difference，DID）方法。OLS方法可以分析因素之间更高次幂或交互影响，但会忽视其他污染治理政策的影响，忽略内生性问题。DID方法要求试验组和控制组除待研究的污染治理政策外，其他方面要具有一定的相似性，否则会产生有偏回归结果，因此控制组的选择至关重要。

随着基础数据的不断丰富及相关模型的不断改进，研究者们利用排放清单模型和空气质量模型评估大气污染治理措施的环境效益，且形成了成熟的方法学。大气污染治理措施的环境效益评估思路可概括为，通过将能源消耗、产品产量、控制技术等因素保持在历史时期水平，定量分析不同维度的历史变化对区域大气其排放及其浓度的影响。在利用空气质量模型模拟大气污染控制措施对环境空气质量改善效果的贡献时，评估结果的准确性与排放清单的可靠性密切相关。

本研究将基于2.1节建立的城市尺度温室气体和大气污染源排放清单，捕捉各类大气污染控制措施对不同源类排放的动态影响。

2.3.2 措施分类

为实现"双达"目标，我国在国家、省级尺度上出台了诸多大气污染控制政策，涉及能源开发、节能增效、绿色交通、低碳建筑、资源循环、碳汇提升、市场金融、法规制定、国际合作等诸多内容。本研究从能源结构、产业结构、交通结构、用地结构四个方面梳理相关政策，以期理顺主线、把握重点。图 2-8 归纳了四大结构调整框架下"减污降碳"的主要措施。

图 2-8　四大结构调整框架下"减污降碳"的主要措施

1. 能源结构

能源结构调整是我国能源发展面临的重要任务，也是保证能源安全、实现城市"双达"目标的重要组成部分。能源结构调整的主线是：减少对化石能源的需求与消费，降低煤电的比重，大力发展新能源和可再生能源。

"十三五"时期，我国采取了一系列绿色发展举措优化调整能源结构。积极推动燃煤锅炉综合整治，重点区域 35 蒸吨／小时以下燃煤锅炉基本清零，全国县级以上城市建成区 10 蒸吨 / 小时以下燃煤锅炉基本清零。大力推进北方地区清洁取暖，中央财政支持北方地区冬季清洁取暖试点城市范围覆盖京津冀及周边地区和汾渭平原，累计完成散煤替代 2500 万户左右。这些措施的实施减小了以煤为代表的化石能源比重，对天然气和非化石能源、新能源和可再生能源的发展起到了一定的促进作用，取得了良好效果。

2. 产业结构

加快产业结构调整，构建低碳产业体系，是减少能耗、控制排放的根本举措。我国的产业结构调整，可以分为两条主线：一是在产能的总体把控上，坚决遏制"两高"项目盲目发展，按照"减量替代"原则淘汰落后产能；二是在既有产能减排方面，实施节能降碳重点工程，推动钢铁、有色金属、建材、石化行业碳排放梯次达峰，强化末端治理，推进工业污染源全面达标排放、重点行业超低排放改造。

"十三五"时期，我国的产业结构调整取得了颇为显著的成效。在产能调控方面，积极推进钢铁、煤炭、煤电、水泥行业化解过剩产能，重点区域"散乱污"实现动态清零。在末端治理方面，全国超低排放煤电机组累计装机达 9.5 亿千瓦，钢铁行业超低排放改造产能 6.2 亿吨，累计治理工业炉窑 7 万余台。

3. 交通结构

我国的交通结构调整，可以分为两条主线：一是对于运输工具的低碳转型，提升排放标准、淘汰老旧车辆与机械、推广新能源，同时配套建设充电桩与加氢站等基础设施；二是对于运输方式的绿色高效整合，发展智能交通与多式联运，提升城市绿色出行比例。

"十三五"时期，我国统筹"油、路、车"污染治理，持续推进运输结构调整。在运输工具低碳转型方面，自2015年年底以来淘汰老旧机动车辆超过1400万辆，新能源公交车占比从20%提升到60%以上。自2020年7月1日起，全国范围实施轻型汽车国六排放标准，全面供应国六标准车用汽柴油，推动车用柴油、普通柴油、部分船舶用油"三油并轨"。在运输结构调整方面，2020年全国建成或开通铁路专用线92条，全国铁路货运量较2017年增长20%以上。

4. 用地结构

我国的用地结构调整，可以分为三方面内容：一是污染治理，主要是扬尘源和农业源综合治理，分别对应颗粒物与氨减排，其协同性相对较弱；二是建筑优化，推广低碳建筑及建筑用能的电气化；三是碳汇管理，巩固生态系统固碳作用，通过退耕还林、植树造林等手段提升生态系统碳汇。

"十三五"时期，我国通过用地结构调整有效削减了污染物排放。在扬尘源治理方面，持续推动城市施工工地实施"六个百分之百"，全国23万多个施工工地开展扬尘整治，重点区域城区道路机扫率超过90%。在农业源治理方面，逐步提升秸秆综合利用率，加强秸秆露天焚烧监管力度，2020年全国秸秆焚烧火点数相比2017年下降了30.5%。此外，2020年城镇新建绿色建筑占比达到了77%。

▶▶ 2.3.3 评估方法

近年来，我国各城市围绕环境空气质量改善与碳减排，从结构调整、末端治理和城市管理等方面开展了多项工作。

本研究收集整理了我国已发布的"双达"相关政策文件（如《大气污染

行动防治计划》《打赢蓝天保卫战三年行动计划》，以及北方地区清洁取暖改造、钢铁行业超低排放改造等相关政策），通过对政策内容、实施细则及部分地区目标责任书的细致整理，从能源结构调整（电力结构调整、民用燃料清洁化）、产业结构调整（落后产能淘汰、"散乱污"企业整治、重点行业超低排放改造、工业末端治理升级）、交通结构调整（公转铁、交通清洁化、机动车排放标准升级、老旧车辆淘汰）、用地结构调整（农业源、扬尘源综合整治）四大方面提取措施细节和量化参数，汇总为电力结构调整及深度治理、燃料清洁化替代、锅炉综合整治、化解过剩产能、工业提标改造、挥发性有机物治理、移动源污染防治、扬尘源综合整治、农业面源治理共九项措施。

基于城市基准年份排放清单，结合大气环境容量、社会经济发展及政策规划出台状况，逐条分析、量化每则细化措施对能源消费数据、能源效率、工业产品产量、技术分布和末端治理水平的影响，采用多源数据融合、多级模型耦合的方式，量化在不同污染治理措施及措施组合条件下的能源消耗与污染物排放状况，具体技术路线如图 2-9 所示。

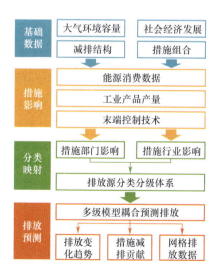

图 2-9　污染治理措施效果量化技术路线

对不同污染治理措施减排量与减排贡献进行量化的方法是：

（1）假设到目标年份未实施该污染治理措施，则该污染治理措施相关的能效水平、技术水平和末端治理水平均维持基准年份的状态；

（2）基于该假设得到目标年份相关排放源类的活动水平与排放系数，核算对应的大气污染物和温室气体排放量，即目标年份未执行该污染治理措施的无控制情况下的排放量；

（3）通过对比目标年份无控制情况下的排放量与实际排放量，即可分析出该污染治理措施的减排量与减排贡献，进而为后续空气质量改善与成本评估提供基础数据。

2.4 "双达"分析

2.4.1 "双达"分析概述

城市是国家空气质量管理考核的基本单元，是大气污染防治的主战场。我国有超过50%的人口居住在城市，消耗了80%以上的能源，贡献了80%以上的碳排放和60%以上的大气污染物排放。不同城市的经济发展水平不同，产业结构多源，排放源与减排潜力也具有显著差异。碳达峰、碳中和目标的提出不仅为社会经济高水平发展指明了方向，而且为统筹大气污染防治和温室气体减排提供了基本遵循，为空气质量持续改善注入了全新动能。在此基础上，生态环境部提出以"减污降碳协同增效"为总抓手，加快推动从末端治理向源头治理转变，通过应对气候变化降低碳排放，进而从根本上解决环境污染问题，推动高质量发展。如何在城市尺度上协同实现环境空气质量持续改善与碳达峰、碳中和目标，是"双达"分析的关键科学问题。

制定城市"双达"路径，首先，应明确城市社会经济发展概况，梳理"双达"相关的政策措施；其次，结合城市尺度温室气体和大气污染源排放清单，分析排放的趋势、结构和分布，识别城市重点减排领域与区域；再次，以空气质量达标为约束，测算大气环境容量，参考协同减排相关规划，预测未来能源使用与污染排放状况，据此提出城市空气质量达标路径，并在验证目标可达性后分析碳排放的达峰状况；最后，结合空气质量达标与碳排放达峰的分析结果，形成城市"双达"路径。

城市"双达"路径制定时，在管控区域方面应着重关注大气污染物与温室气体排放"双高"的热点区域，以及距离高排放源较近且人群聚集的区域；在控制对象方面，不同城市应根据自身产业结构，将高能耗、高排放行业作为重点协同治理对象。

城市"双达"路径的评估包含多个维度，核心依据是对大气污染物和二氧化碳减排量，以及空气质量达标情况的预测。从基准年份排放清单出发，设置减排情景、预测未来排放，并结合空气质量模型评估未来空气质量改善情况的方法学已经较为成熟。但是，以往这种方法学多应用于国家级、省级尺度的研究，本研究将其拓展到城市尺度。

▶▶ 2.4.2 "双达"分析方法

城市"双达"协同分析框架如图2-10所示。该分析框架融合了排放清单、数值模拟、措施评估等技术方法，可实现政策与技术干预条件下的能源消耗和排放计算，进而分析目标年份城市空气质量情况、碳排放变化情况。该分析框架主要包含以下四部分内容：

（1）以城市空气质量为目标导向，基于城市清单和模式模拟通过迭代法计算各污染物的最大允许排放量；

（2）结合排放源分析结果、城市减排潜力和城市规划制订减排方案，得到未来能源和技术情景及相应的排放量；

（3）验证目标可达性后，得出城市空气质量达标路径；同时，通过分析在该情景下的碳排放量即可得到空气质量目标导向下城市的碳达峰情况；

（4）对比基准情景和政策情景，分析不同能源政策、产业结构及技术应用对温室气体和大气污染物排放的影响。

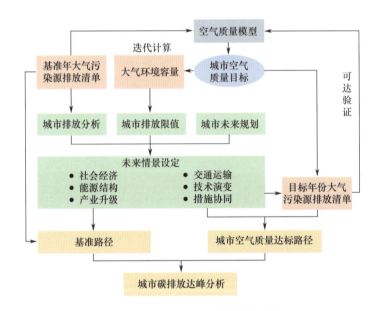

图 2-10　城市"双达"协同分析框架

以下将分别介绍城市"双达"中空气质量达标路径与碳排放达峰路径的分析方法。

▶▶ 2.4.3　城市空气质量达标路径分析

城市空气质量达标路径分析技术方法，重点在于厘清大气污染成因及污染物排放与环境空气质量之间的响应关系。首先，通过收集和分析城市空气质量和污染源情况，分析污染问题及成因，并根据社会经济与能源发展预测，以及空气质量改善达标要求确定城市空气质量达标期限与阶段性空气质量目标，明确达标压力。其次，进行城市空气质量达标关键问题识别，包括区域传输规律识别、关键污染因子识别、重点行业企业识别及空间敏感性识别。再次，从产业结构、能源结构、交通结构、用地结构等方面出发制订可行的污染控制方案，并评估各项措施可能带来的污染物减排潜力。最后，利用空气质量模型，模拟该污染控制方案可实现的空气质量改善效果，若可达到城市空气质量目标，则该污染控制方案为城市最优空气质量改善行动方案；若未达到城市空气质量目标，则继续调整措施情景，以最终得到最优的达标情景。城市空气质量达标技术路线如图 2-11 所示。

概括而言，城市空气质量达标路径分析主要包含七个方面的内容，分别是主要大气污染问题及成因分析、空气质量达标关键问题的识别、空气质量目标和达标期限研究、大气环境容量测算、减排潜力分析、大气污染防治方案制订、规划目标可达性分析。

1. 主要大气污染问题及成因分析

收集整理城市近年来主要大气污染物环境监测资料、气象资料、社会经济发展状况、污染物排放情况，分析大气污染特征及演变趋势。结合地形、下垫面状况、城市气候条件和气象因素等，对制约城市空气质量改善的客观因素进行分析，并结合能源消费、产业结构、污染物排放等因素剖析大气污染问题的成因及来源。

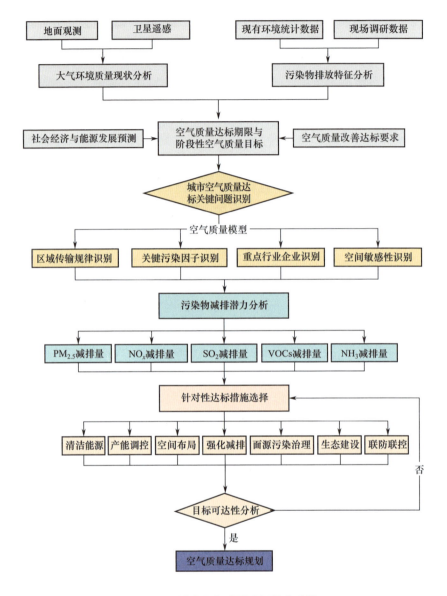

图 2-11 城市空气质量达标技术路线

1）大气环境质量现状分析

收集整理城市环境空气质量自动监测国控、省控、市控等站点的监测数据，分析近年来 SO_2、NO_2、PM_{10}、$PM_{2.5}$、CO 和 O_3 等常规污染物的时间（年均、月均、日均）变化趋势、空间分布特征，识别大气污染重点区域及过程，揭示污染时空演变规律。基于《环境空气质量标准》（GB 3095—1996）及其修改单，分点位、分时段、分指标评估空气质量达标情况，分析城市空气质量达标面临的主要问题。

2）自然地理环境分析

分析城市地理位置、地形地貌、气候特征等方面的数据，并详细分析城市不同土地类型的分布、地形地貌特点、降雨情况、风向、湿度、温度等，结合典型污染过程分析，评估影响污染物浓度分布的自然环境和气象条件。

3）社会经济发展现状分析

根据城市的人口规模、产业结构、特色行业、能源消费等数据，分析城市在区域中的发展特点和定位。梳理城市分区县社会经济状况，从各区县经济发展、能源消耗、交通发展和城市化发展等方面，分析城市大气污染现状和发展趋势的经济驱动因素。

4）污染物排放特征分析

以建立的城市大气污染源排放清单为基础，分析城市特色工业、机动车、扬尘源、生活面源等各类排放源对$PM_{2.5}$、PM_{10}、SO_2、NO_x、VOCs等主要污染物排放量的贡献率，并对大气污染物排放来源进行分析。分别针对不同区域、不同行业（或排放源类）、不同能源利用方式及排污设施、不同管控水平等因素，分析总结主要大气污染物的排放特征，筛选不同季节的重点排放区域（或单元）、污染源类型及排放环节。

2. 空气质量达标关键问题的识别

1）区域传输分析

分析外来排放源对城市污染物的输入性影响。利用 WRF-CMAQ 模型（方法详见 2.2.3 节），以城市为研究对象，分析区域大气污染物输送流场特征，定量模拟本地排放源、外来排放源分别对全市及各空气质量监测点位 PM_{10}、$PM_{2.5}$ 的年均浓度、重度污染时段及 O_3 超标小时数的贡献。分析城市重污染过程的成因、外来排放源的位置。

2）敏感性分析

利用模型工具，将城市划分为若干个空间单元或等间距网格，利用后向轨迹模型分别模拟每个空间单元污染物排放对城市空气质量的影响，评价不同空间单元的环境敏感性。基于气象流场、下垫面、地形等因素，综合分析各空间单元大气环境敏感性的差异性特征，为优化产业布局及制定空间差异化的控制策略提供依据。

3. 空气质量目标和达标期限研究

1）经济能源消费情况预测

判断和收集城市规划和布局、经济增长数据（区域 GDP 和人均收入）、能源消费及能源结构数据（通过产业发展规划等预测）、人口增长数据、产业结构变化数据、机动车保有量和使用情况数据、电力部门和工业扩张（收缩）数据等，预测未来 GDP、能源消费量、煤炭消费量、电力用煤消费量、机动车保有量及主要工业产品产量等社会经济发展参数，为大气污染物排放量预测提供数据基础。

2)达标差距分析

基于现阶段的政策和措施,预测在新增任何控制措施情况下,未来 5 年、10 年、15 年的污染物排放量。根据排放清单、污染物浓度建立大气污染物排放量(减排量)与环境空气质量指标(如 $PM_{2.5}$)的模糊响应关系,即大气污染物对环境空气质量的影响因子,形成包括污染物排放量、污染物浓度及空气质量状况的基准情景。分析在基准情景下大气污染物浓度与各阶段空气质量目标之间的差距。

3)确定空气质量目标

结合城市污染现状(主要污染源、污染行业等信息)和城市未来发展的其他规划(如产业规划、能源规划、交通规划、城乡规划等),制定城市空气质量达标战略。根据城市空气质量达标战略及国家和地方政府的相关要求,结合本地的管理需求,确定环境空气质量达标的目标年份。

4. 大气环境容量测算

以环境空气质量达到规划目标值为约束条件,以保护人体健康为基本出发点,应用 WRF-CMAQ 空气质量模型(方法详见 2.2.4 节),根据污染物排放绩效、不同污染源的环境贡献、可削减空间(减排潜力)等,考虑气象条件和人为因素的影响,在空气质量模型模拟大气中复杂的物理过程、化学过程的基础上,确定分阶段环境空气质量目标约束下 SO_2、NO_x、VOCs、$PM_{2.5}$ 和 PM_{10} 的最大允许排放总量。

5. 减排潜力分析

依据国家、省、市发展规划及其他相关产业规划,在充分考虑清洁能源和可再生能源推广利用的基础上,结合有关法规、政策及标准对新建污染源、现役污染源的治理要求,预测全社会及主要行业 SO_2、NO_x、VOCs、$PM_{2.5}$ 和 PM_{10} 等主要大气污染物的排放量,分析新增污染物排放量对减排工作的压力,评估能源结构、产业结构、交通结构、用地结构的减排潜力。另外,从源头控制、过程减排和末端治理等方面,对重点行业进行减排潜力评估。

6. 大气污染防治方案制订

紧密围绕环境保护为绿色发展服务的理念,结合国家、省、市发布实施的各项大气污染防治法规和方案,将大气污染防治作为经济转型升级的重要抓手,从源头控制、末端治理、保障体系三个层次,制订城市空气质量达标规划方案:

(1)在源头控制方面,主要包括城市社会经济发展的主线与红线、产业发展的适宜模式、功能区的合理布局、能源利用优化调整方向等;

(2)在末端治理方面,针对不同行业的生产特点、不同源类的排放特点,全面考虑技术经济合理性、安全性、可操作性等问题,制订科学合理、操作性强的污染防治综合方案及管控指标;

(3)在保障体系方面,从组织、制度、资金、技术、政策及公众参与等多个方面建立、实施保障体系,以保障重点建设任务和重点建设工程的落实,同时提高重污染天气预警与应急处置能力,促进空气质量短期调控和长期改善。

7. 规划目标可达性分析

结合重点工程任务、目标年份主要大气污染物排放量削减方案,根据基准年份、空气质量达标目标年份的高时空分辨率排放清单,使用 WRF-CMAQ 空气质量模型三层嵌套技术定量模拟分析基准年份和目标年份空气质量达标措施实施后的大气环境改善效果,定量评估规划实施的空气质量目标可达性。

▶▶ 2.4.4 城市碳排放达峰路径分析

城市能源消费预测与碳达峰路径分析的基础依据是 2.4.3 节制定的空气质量达标路径。相关数据来源还包括统计年鉴、环境统计数据及实地调研数据。为科学地评估城市中长期能源消费和碳排放量的变化趋势,需要选取适用的模型。主流的模型有 GAINS(Greenhouse Gas-Air Pollution Interactions and Synergies)模型、MARKAL 模型(Market Allocation Model)、长期能源替代规划(Long Range Energy Alternatives Planning,LEAP)模型、能源平衡模型、系统动力学模型等,还有一些研究使用神经网络算法或优化算法。

在上述模型和算法中,LEAP 模型是一个自下而上的能源模型,其可以从技术层面出发,描绘研究区域的能源消费情况与碳排放状况。LEAP 模型有较为灵活的数据结构,内置了多种技术和末端使用细节,为参数设置提供了大量的选择,被广泛用于城市中长期能源供需和碳排放预测。综合考虑数据可得性和模型表现等因素,本研究采用 LEAP 模型分析城市碳排放达峰路径。

1. LEAP 模型

LEAP 模型由斯德哥尔摩环境研究所开发,其将区域的经济、社会生活抽象为交通、建筑、工业等部门,各个部门的活动都可以简化为能源和物质的消耗与产出。LEAP 模型的计算步骤如下:首先,加总各个部门的能源需求，比较并分析本地资源产出能否满足其需求，并计算由此引起的资源进出口量，实现资源、能源的需求量、产量、进出口量的平衡；然后，根据各个经济部门的历史数据和情景设置预测未来的能源需求，进而计算在不同情景下的能源结构和温室气体排放。LEAP模型由于具有较高的建模灵活性和较强的情景分析能力，因而广泛应用于二氧化碳减排评估、低碳发展路径等领域的研究中。

在LEAP模型中，能源消费量由活动水平和能源强度的乘积计算得到，其中，活动水平可以是物理指标（如产量、建筑面积），也可以是经济指标（如行业工业增加值）。各个部门的碳排放量根据其能源消费量和相应的二氧化碳排放系数计算得到。值得注意的是，在讨论城市碳达峰的时候，为鼓励城市节能节电、减少间接碳排放，可以在城市直接碳排放的基础上进一步考虑外购电力产生的间接碳排放，其使用购电量乘以区域排放系数进行计算。

本研究根据LEAP模型的结构，以及数据的可获得性构建了城市碳达峰分析方法。本研究中搭建的城市LEAP模型主要由核心假设、需求和转换三个模块构成（见图2-12）。

1）核心假设

城市LEAP模型的核心假设主要包括人均生产总值（人均GDP）、产业结构、分行业工业增加值、常住人口、城镇化比例、人均居住面积等，基准年份数据来自城市统计年鉴，未来预测与空气质量规划路径中的预测保持一致。

2）需求

需求对应能源平衡表中的终端消费量，本研究主要讨论工业、民用、公共建筑、交通和农业的终端能源需求。

（1）工业。

由于工业行业较多，因此本研究根据城市统计年鉴的分行业能源消耗量识别出能耗较大（前十位）的工业行业并单独列出，其他工业行业则简化考虑，统一划入"其他工业"中。对于水泥、钢铁等可获得产品产量的行业，其能源消费计算公式为

$$能源消费 = 工业产品产量 \times 单位产品产量能耗$$

对于其他产品种类过于复杂或无产量信息的行业，则通过单位增加值能耗进行计算，即

$$能源消费 = 工业增加值 \times 单位增加值能耗$$

（2）民用。

民用部门考虑了供暖用能和非供暖用能。对于北方冬季供暖地区，供暖用能被分为分散采暖用能和集中供暖用能，可以通过集中供暖率、住房面积、单位取暖能耗等参数进行估算。集中供暖的终端能源需求类型是热力，产热过程进入加工转换模块进行计算；分散采暖的终端能源需求类型主要是煤、天然气、电力等。处于冬冷夏热地区的城市没有大面积集中供暖，因此只考虑少量的分散采暖。非供暖用能是指除供暖外的住宅用能，主要是各类电器的能耗，可以通过百户家电拥有量、常住人口/户数和家电年均能耗进行估算。家电年均能耗和取暖能耗强度数据来源于《中国建筑节能年度报告》。

（3）公共建筑。

公共建筑可以进一步划分为办公、商场、医院、学校、酒店、其他公共

建筑，所用能源类型以电力为主。首先通过学生人数、床位数等年鉴数据，以及各标准中对应的人均面积等参数对不同类型的公共建筑面积进行估算，再通过单位面积能耗估算公共建筑用能。

（4）交通。

在交通能耗方面，基于未来机动车保有量，以及未来机动车类型比例、排放标准和燃料类型的变化进行计算，可以直接使用 LEAP 模型中的 Stock Turnover 法，基本计算公式为

$$\text{Fuel}_k = \sum_i \text{VP}_i \times \text{VKT}_i \times \text{FC}_{i,k}$$

式中，i 代表机动车类型，k 代表燃料类型；VP 代表机动车保有量，VKT 是年行驶里程（单位：千米），FC 是燃油经济性，Fuel 是燃料使用量。若城市交通运输部门数据基础较好，拥有逐年、分机动车类型的注册量信息，则可进一步使用存活曲线法构建模型，模拟车辆淘汰更新的过程[24]，计算各机动车类型的燃料使用量，并直接以能源使用的形式输入 LEAP 模型。

（5）农业。

农业能耗通过第一产业增加值变化和单位增加值能耗进行计算。

3）转换

转换模块主要讨论能源的生产过程，终端能源需求计算完成后将进入此模块。对于每种加工转换过程（图 2-12 列出了电力生产、热力生产和炼焦，其他还包括煤炭洗选、石油加工等过程，可以视城市实际情况添加），该模块分为产出能源和过程模块两个部分，可以设置转换效率、未来技术应用比例、进出口目标等参数。

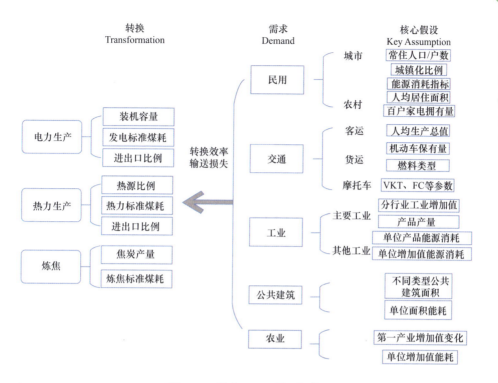

图 2-12 城市 LEAP 模型架构

2. 碳排放达峰路径分析

在进行碳排放预测前,应首先输入基准年份数据,运行 LEAP 模型进行参数校准,直至 LEAP 模型能较为准确地反映城市能源消耗和碳排放情况。

本研究设置了基准情景(BAU)和空气质量达标情景(AQP)。两个情景的未来宏观社会经济参数(人口、GDP 等)设置和空气质量达标路径分析中一致,区别在于 BAU 不再考虑新的空气质量政策,而 AQP 则参数化了空气质量达标规划中能够产生碳减排协同效应的相关政策和措施,用于预测在未来空气质量目标下的碳排放达峰情况。通过对比这两个情景,可以进一步分析空气质量政策下各个部门的碳减排贡献。城市碳排放达峰路径分析技术路线如图 2-13 所示。

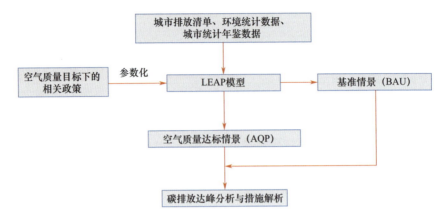

图 2-13　城市碳排放达峰路径分析技术路线

LEAP 模型计算获得的碳排放是从终端角度出发的，例如，民用部门使用电力产生的碳排放会被归于电力生产部门。为了更直观地反映各部门的贡献，本研究在对案例城市进行碳排放分析时进行了再分配，计算公式为

$$\text{Emis}_i = \sum_{j,k}(\text{DirectEmis}_{i,j} + \text{IndirecEmis}_{i,k})$$

$$\text{IndirecEmis}_{i,k} = \frac{\text{Demand}_{i,k}}{\text{Demand}_k} \times \text{ProEmis}_k$$

式中，i 代表部门；j 代表一次能源，如煤炭、天然气等；k 代表二次能源，主要是电力和热力；$\text{DirectEmis}_{i,k}$ 和 $\text{IndirecEmis}_{i,k}$ 分别代表终端直接碳排放量和间接碳排放量；Demand 是指能源需求；ProEmis 是指生产该燃料的加工转换模块产生的总碳排放量。

2.5　城市选取

考虑城市资源禀赋、产业结构、发展定位、所处区域，以及社会经济、能源、低碳实施方案和空气质量达标规划等公开量化信息的可获得性，选取郑州市、石家庄市和湖州市作为典型案例城市，论述产业结构、能源结构、交通结构、用地结构各调整措施在不同城市"双达"进程中发挥的作用，并提炼共性经验，为相关政策的制定提供数据基础和理论参考。

从分类上看，三个城市分别代表了一类典型城市：郑州市作为国家中心城市，在金融、管理、文化和交通等方面都发挥着重要的中心和枢纽作用，正在快速构建现代化开放性产业体系，是综合服务型城市的代表；石家庄市工业基础雄厚，工业体系相对完整，工业产值占国民生产总值的比重较高，是工业生产型城市的代表；湖州市是"两山"理念的诞生地，城市经济增长由高新技术发展驱动，是高新技术型城市的代表。

从分布上看，郑州市、石家庄市和湖州市分别是中原地区、京津冀地区、长三角地区的代表性城市，代表重点城市群引领的动力，对这三个城市的"双达"路径探索，有助于刻画我国不同区域城市的"双达"路径。

第 3 章

郑州市实现"双达"路径分析

3.1 郑州市城市概况

郑州市是河南省省会，坐落在河南省中部偏北。郑州市辖六区五市一县，总面积7446平方千米，2017年年末全市总人口988.1万人，城镇化率72.2%，第一、第二、第三产业比例为1.5∶43.9∶54.7，煤炭消费量占能源消费总量的63.2%，机动车保有量已突破400万辆，在全国排名第七位。

2013—2017年郑州市各污染物年度指标统计如表3-1所示。由表3-1可知，郑州市SO_2和CO的年度指标已达到环境空气质量国家二级标准，但截至2017年年底郑州市空气质量仍存在明显超标现象。其中，2017年郑州市$PM_{2.5}$年均浓度为66μg/m³，超过环境空气质量国家二级标准限值88.6%；PM_{10}年均浓度为118μg/m³，超过环境空气质量国家二级标准限值68.6%；NO_2年均浓度为54μg/m³，超过环境空气质量国家二级标准限值35.0%；O_3日最大8小时值第90百分位浓度为199μg/m³，超过环境空气质量国家二级标准限值24.3%。

考虑郑州市的空气质量现状、可采取的行动措施，同时考虑《河南省"十三五"生态环境保护规划》《郑州市"十三五"能源发展规划》《河南省污染防治攻坚战三年行动计划（2018—2020年）》《郑州市打赢蓝天保卫战三年行动计划（2018—2020 年）》等相关规划，郑州市制定了空气质量达标目标：到 2028 年，$PM_{2.5}$、PM_{10} 浓度基本达到环境空气质量国家二级标准，SO_2、CO、NO_2 浓度稳定达到环境空气质量国家二级标准要求；到 2035 年，O_3 浓度达到环境空气质量国家二级标准要求。

表 3-1 2013—2017 年郑州市各污染物年度指标统计

污 染 物	2013 年	2014 年	2015 年	2016 年	2017 年
$PM_{2.5}$	108	88	96	78	66
PM_{10}	171	158	167	143	118
$O_3\_8h\_90per$	109	116	159	177	199
NO_2	52	51	58	56	54
SO_2	59	43	33	29	21
CO_95per	4.9	3.1	2.7	2.8	2.2

注：1. $O_3\_8h\_90per$ 表示 O_3 日最大 8 小时值第 90 百分位浓度；CO_95per 表示 CO 日均值第 95 百分位浓度。
2. $PM_{2.5}$、PM_{10}、$O_3\_8h\_90per$、NO_2、SO_2 浓度单位为 $\mu g/m^3$，CO_95per 浓度单位 mg/m^3。

3.2 郑州市基准年份排放特征分析

2017 年郑州市大气污染物和 CO_2 排放分担率如图 3-1 所示。工艺过程源和固定燃烧源是郑州市最大的 SO_2 排放源，在总排放量中占比分别为 50.0% 和 40.9%。移动源是最大的 NO_x 排放源，占郑州市 NO_x 总排放量的 57.6%。工艺过程源是 CO 和 VOCs 最大的排放源，在总排放量中的占比分别为 42.5% 和 58.6%。农业源是郑州市首要的 NH_3 排放源，在总排放量中的占比为 78.2%。扬尘源是郑州市 PM_{10} 和 $PM_{2.5}$ 排放的首要贡献源，在总排放量中的占比高达 60.0% 和 48.9%。移动源对 BC（黑碳）的排放贡献最大，其排放量在总排放量中的占比约为 69.0%。餐饮油烟源对 OC（有机碳）的排放贡献最大，其排放量在总排放量中的占比为 50.1%。固定燃烧源对 CO_2 的排放贡献最大，在总排放量中的占比为 73.26%。

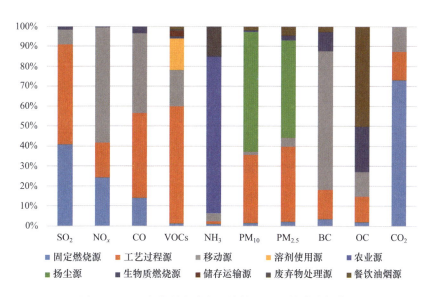

图 3-1　2017 年郑州市大气污染物和 CO_2 排放分担率

3.3　经济与能源发展预测

3.3.1　经济发展预测

依据《郑州建设国家中心城市行动纲要（2017—2035 年）》，郑州市已开启全面建设国家中心城市新征程，预计在 2020—2035 年，建设成为国家中心城市，跻身国家创新型城市前列，建成国际综合枢纽、国际物流中心、国家重要的经济增长中心、国家极具活力的创新创业中心。

基于国家全面开放二胎等人口政策，结合实际人口增长数据，预测到 2028 年郑州市人口约为 1261.4 万人，其中城镇人口约为 1043.2 万，城镇化率达到 82.7%。按 2016—2020 年、2021—2025 年和 2026—2028 年中国 GDP 年均增速分别为 6.8%、5.5% 和 4.5%，结合郑州市历年生产总值年均增长率，预测 2028 年郑州市 GDP 约为 22329.8 亿元。

3.3.2 能源发展预测

《郑州建设国家中心城市行动纲要（2017—2035 年）》提出，要提高郑州市的绿色化水平，推动现有高污染、高能耗企业加快转型，逐步淘汰高能耗、高污染、低效益的落后企业。"十二五"期间，郑州市加快转变经济发展方式，注重能耗总量控制，万元 GDP 能耗稳步下降。根据弹性系数法，郑州市"十二五"期间、"十三五"期间、2021—2028 年的弹性系数分别为 0.33、0.31、0.21，预测 2028 年郑州市的总能耗为 4053.6 万吨标准煤。

郑州市 2017 年的总能耗为 2475 万吨标准煤，其中，煤炭消费量占比为 63.2%，油品消费量占比为 14.3%，天然气消费量占比为 11.7%，一次电力及其他能源消费量占比为 10.8%。根据这一能源结构，结合政府部门调研，设定郑州市 2028 年的煤炭消费量占比为 40.0%，油品消费量占比为 17.0%，天然气消费量占比为 23.0%，一次电力及其他能源消费量占比为 20.0%。2017 年和 2028 年郑州市各类能源消费量占比如图 3-2 所示。

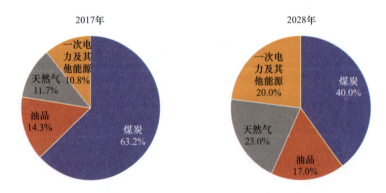

图 3-2　2017 年和 2028 年郑州市各类能源消费量占比

3.4 重点减排任务与措施

3.4.1 加快调整能源结构，建设清洁低碳能源体系

2017 年郑州市煤炭消费量占能源消费总量的 63.2%，天然气消费量占能源消费总量的 11.7%，清洁能源消费量整体占比较低。郑州市煤炭消费量主要来自电力和热力生产、有色金属冶炼、非金属矿物制造、煤炭开采洗选等行业，其中，电力部门煤炭消费量占原煤消费总量的 70%，远低于世界先进水平（美国为 94%，欧盟为 81%）。由此可知，郑州市能源结构和燃煤结构有待优化，亟待推进煤炭资源的高效清洁利用。

鉴于此，2028 年郑州市煤炭消费量占一次能源消费量比重应降到 40% 以下。煤炭消费量主要通过有序控制电厂用煤量、削减非电用煤量及提高清洁能源利用水平实现。削减电厂用煤量的主要措施为主城区煤电机组清零、全部关停 30 万千瓦等级及以下燃煤机组及提高供电煤耗。到 2028 年，郑州市现役燃煤机组平均供电煤耗低于 280 克/千瓦时。削减电厂用煤量及新增用电主要依靠加大可再生能源比重及外购电替代。非电厂用煤包括民用煤和工业企业用煤。削减民用采暖用煤量主要通过大力发展热电联产集中供热工程、推进可再生能源供暖工程、加强农村清洁能源取暖实现，到 2028 年郑州市农村清洁取暖率力争达到 100%。削减工业企业用煤量主要通过煤改清洁能源和提高工业企业能源效率实现，到 2028 年郑州市单位生产总值能源消耗较 2017 年下降 35%。另外，郑州市需要推广节能低碳建筑：一方面，实施既有建筑节能改造；另一方面，扩大绿色建筑规模，发展超低能耗或近零能耗建筑建设试点和被动式太阳房试点。

3.4.2 调整优化产业结构，构建绿色低碳产业体系

郑州市工业布局不合理，存在工业围城现象，并且高污染、高能耗行业占比较高，因此郑州市亟待优化产业布局、调整产业结构。

从优化产业布局来看，郑州市可分为中心城区、西部片区、东部片区、南部片区四个区块。中心城区涵盖郑州市内五区及郑东新区范围，着力打造都市区核心功能区，淘汰全部低效产能。西部片区涵盖高新区、上街区、荥阳市、登封市、新密市、巩义市范围，主要培育一批万亿元级、千亿元级产业集群和一批百亿元级产业园区。东部片区涵盖经开区、中牟县范围，疏解部分低效功能，带动外围国际物流园、中牟汽车产业集聚区的拓展发展。南部片区涵盖航空港综合试验区、新郑市范围，形成郑州市未来新兴产业集聚拓展区。2028年郑州市各县（市、区）将实现重点行业企业基本按主导功能入园。

从调整产业结构来看，在源头上严格环境准入标准，通过强化大气环境质量对规划环评的约束和指导作用、严控"两高"行业产能、严格控制燃煤项目、加严涉VOCs项目建设等措施严禁高污染、高能耗企业进入。另外，控制落后、低效、过剩产能，加大郑州市水泥、棕刚玉、石灰、石材、氯化石蜡、铸造、磨料磨具、电解铝、碳素、耐火材料、砖瓦等行业产能淘汰力度，提升行业整体水平，同时防止"散乱污"企业死灰复燃，并积极发展节能环保绿色低碳产业。

3.4.3 深化重点行业污染治理，全面推行挥发性有机物整治

郑州市工业规模较大，在线监控重点企业排放量占河南省的1/10。2017年，郑州市SO_2、NO_x、烟粉尘总排放量在河南省排名第二位，污染物排放总

量已超过郑州市社会经济发展的大气环境容量。因此，除调整产业结构外，郑州市还需要进一步提高清洁生产水平。采取的主要措施是对钢铁、水泥、有色金属、耐材、陶瓷等非电行业进行提标改造，同时进行工业炉窑专项整治、挥发性有机物专项整治。到2028年，郑州市重点行业企业可以实现有组织、无组织及物料运输体系全流程超低水平排放。

▶▶ 3.4.4 积极调整运输结构，完善绿色低碳交通体系

2018年，郑州市公路货运量占比为92.9%，铁路货运量占比为7.0%，民航货运量占比为0.1%。由此可见，郑州市货物运输仍以公路运输为主，因此需要进一步调整交通运输结构。调整交通运输结构的主要措施为大幅提升铁路货运比例、大力发展多式联运、建设城市绿色物流体系等。到2028年，郑州市的铁路货运量占比将达到35%，钢铁、电力、电解铝等大型生产重点企业的铁路货运量占比达到50%以上。同时，依托铁路物流基地、公路港等，推进多式联运型和干支衔接型货运枢纽（物流园区）建设，开展城市生产生活物资公铁接驳配送试点，构建"外集内配、绿色联运"的公铁联运城市配送新体系。

郑州市机动车保有量已突破400万辆，根据郑州市$PM_{2.5}$排放源解析结果，机动车排放贡献率为24.5%，因此必须加大机动车总量管控，主要通过完善绿色交通体系及推广新能源车辆实现。到2028年，郑州市公共交通机动化分担率将达到73%以上，并在集中办公区域或商贸区域研究规划"零排放行驶区域"。另外，制订郑州市燃油机动车保有量控制计划及实施方案，逐年提高新能源小客车购置比例。2020年，郑州市城市建成区公交车、出租车、市政环卫车、轻型物流配送车等全部实现电动化；到2028年，郑州市新能源小客车购置比例达到80%以上；到2035年，郑州市新能源小客车购置比

例达到100%以上。由于郑州市老旧车辆、高排放柴油车对大气污染物排放贡献率较大，因此还需要加大老旧车辆淘汰力度和重型柴油车整治力度。到2025年，郑州市将淘汰全部国三及以下营运柴油车，高排放车辆将推广加装柴油机颗粒物捕集器（Diesel Particulate Filter，DPF）和选择性催化还原装置（Selective Catalytic Reduction，SCR），改造后车辆的NO_x和颗粒物排放均实现大幅下降。

3.4.5 优化调整用地结构，推进面源污染治理

郑州市施工工地数量较多，并且多为线性工程和连片工地，分布在城市的各个区域，虽然施工工地管理初步规范，但施工扬尘污染问题仍然突出。同时，由于施工工程车辆、渣土车辆覆盖不全，存在遗洒现象，导致道路扬尘管理存在困难。因此，郑州市扬尘管理主要从加强施工扬尘管理、强化道路扬尘管理、实施堆场扬尘治理等方面进行，主要包括：全面落实"八个百分百"，可机械化清扫路面基本全部实现机械化清扫，机械化清扫路面浮土密度达到$3g/m^2$以下，重点区域的煤场、料场、渣场实现在线监控和视频监控100%覆盖联网。

对于农业面源污染，其管理措施包括：一是禁止农作物秸秆露天焚烧，建立和完善秸秆收储体系，促进秸秆资源化利用；二是加强畜禽粪污资源化利用，到2028年郑州市畜禽粪污基本实现生态消纳或达标排放；三是推进种植业化肥、农药减量增效，实现化肥、农药使用量负增长，到2028年郑州市化肥利用率达到50%以上。

另外，调整用地结构还需要实施绿色碳汇工程，通过规划建绿、拆违建绿、见缝插绿、留白增绿，大幅增加城市绿地面积。到2028年，郑州市城市建成区绿地率（含立体绿化、屋顶绿化）达到40.0%。

3.5 减排潜力分析

基于郑州市 2017 年大气污染源排放清单,以及 2028 年机动车和天然气的排放预测增量,根据郑州市能源结构、产业结构、交通结构、用地结构的调整规划,以及重点行业末端治理状况,计算得到郑州市 2028 年相对基准年份将实现 SO_2、NO_x、VOCs、NH_3 和一次 $PM_{2.5}$ 排放总量分别下降 74.5%、70.4%、56.4%、43.2% 和 65.7%。

对比各类管理措施发现,对 SO_2 减排贡献最高的措施是工业提标改造,约占减排总量的 38.5%;对 NO_x 减排贡献最高的措施是移动源污染防治,约占减排总量的 52.9%;对 VOCs 减排贡献最高的措施是挥发性有机物治理,约占减排总量的 33.5%;对 NH_3 减排贡献最高的措施是农业面源污染治理,约占减排总量的 86.5%;对 $PM_{2.5}$ 减排贡献最高的措施是扬尘综合整治,约占减排总量的 41.1%;对 CO_2 减排贡献最高的措施是电力结构调整及深度治理,约占减排总量的 55.4%(见图 3-3)。

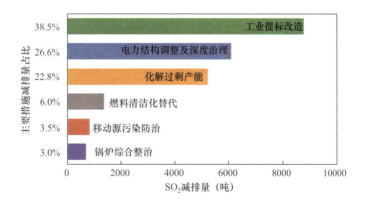

图 3-3 主要措施对大气污染物和 CO_2 减排的贡献评估

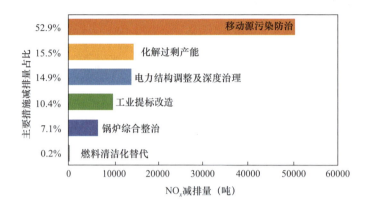

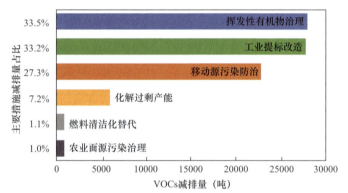

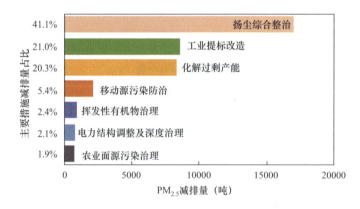

图 3-3　主要措施对大气污染物和 CO_2 减排的贡献评估（续）

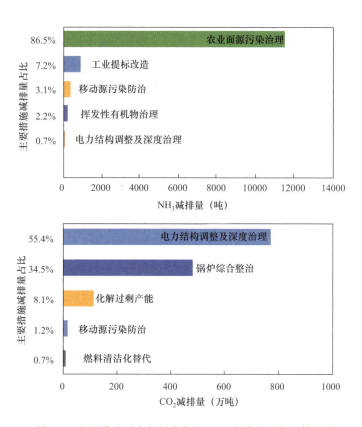

图 3-3　主要措施对大气污染物和 CO_2 减排的贡献评估（续）

3.6　空气质量达标分析

基于 WRF-CMAQ 空气质量模型大气环境容量迭代计算方法，以及模拟的郑州市硫酸盐、硝酸盐、铵盐、一次 $PM_{2.5}$ 占 $PM_{2.5}$ 的平均比例，以郑州市 $PM_{2.5}$ 年均浓度达标为约束目标，制订 SO_2、NO_x、NH_3、一次 $PM_{2.5}$ 及 VOCs 减排方案，基于空间差异化的减排方案，迭代创建新的排放清单，并进行数值模拟迭代计算。

迭代模拟结果表明，相对于 2017 年的基准排放量，当 SO_2、NO_x、

NH_3、一次 $PM_{2.5}$ 和 VOCs 分别减排 60.0%、70.0%、40%、65.0% 和 50.0% 时，$PM_{2.5}$ 的模拟浓度低于达标限值 35.0μg/m³。通过减排措施评估，预计郑州市 2028 年的大气污染物排放量可满足达标状态下的大气环境容量。

基于上述污染物减排比例，本研究建立了 2028 年郑州市排放清单，并利用空气质量模型开展模拟，同时假设 2028 年郑州市受周边污染传输的大气污染物浓度减少 45%。通过综合考虑郑州市本地减排和周边区域减排的影响，对 2028 年郑州市主要大气污染物模拟年均浓度展开分析。

通过模拟结果可知，污染控制措施实施后，到 2028 年，郑州市 $PM_{2.5}$ 估计浓度相对 2017 年下降 49.5%，达到 33.3μg/m³ 左右，其中，仅考虑本地减排影响，预计 $PM_{2.5}$ 浓度下降 21.9μg/m³，达到 44.1μg/m³ 左右，受周边污染传输减少影响的 $PM_{2.5}$ 浓度降幅为 10.8μg/m³；PM_{10} 年均模拟浓度相对 2017 年下降了 46.7%，2028 年估计浓度为 62.9μg/m³；NO_2 年均模拟浓度相对 2017 年下降了 45.8%，2028 年估计浓度为 29.3μg/m³；SO_2 年均模拟浓度相对 2017 年下降了 66.6%，2028 年估计浓度为 7.0μg/m³；CO 日均值第 95 百分位浓度相对 2017 年下降了 45.8%，2028 年估计浓度为 1.2mg/m³；O_3 日最大 8 小时值第 90 百分位浓度相对 2017 年下降了 15.0%，2028 年估计浓度为 166.9μg/m³。

综上所述，2028 年郑州市主要大气污染物 $PM_{2.5}$、PM_{10}、SO_2、NO_2、CO 浓度均可达到环境空气质量国家标准，O_3 污染得到有效遏制。在不断巩固既有大气污染治理成效的同时，郑州市全面深化能源结构调整，优化产业结构和交通结构，全面淘汰老旧车辆，推广应用新能源车辆，全面替代为低 VOCs 原辅材料，推动区域空气污染联防联控，创新环境管理政策措施，提升企业主动治污积极性。基于上述措施，到 2035 年，郑州市 O_3 浓度将达到环境空气质量国家二级标准。

3.7 碳排放达峰预测分析

使用 LEAP 模型模拟预测郑州市长期碳排放量情景（见图 3-4），在排放清单基础上增加了外购电力的间接碳排放量。在 BAU 情景（基准情景）下，由于各部门的能源结构和能源强度未来没有明显的改善，随着经济的发展、能源需求量的提升，碳排放量此后将持续快速增长。在 AQP 情景（空气质量达标情景）下，即在郑州市空气质量于 2028 年达标的情景下，郑州市碳排放量可在 2025 年达到峰值（7970 万吨），之后平缓下降。相较于在 BAU 情景下的模拟结果，在 AQP 情景下郑州市 2020 年、2025 年和 2030 年的碳排放量分别减少了 332 万吨、978 万吨和 1701 万吨。

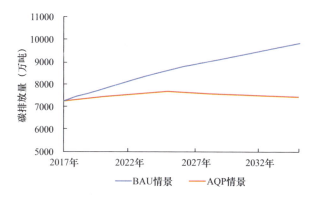

图 3-4 使用 LEAP 模型模拟预测郑州市长期碳排放量情景

郑州市在 AQP 情景下分部门的碳排放量情况如图 3-5 所示。

工业部门的碳排放量自 2017 年起大幅下降，到 2028 年相比基准情景下的碳排放量产生了 1412 万吨的碳减排量。工业部门碳减排的驱动力分为两个方面：一是终端工业用能需求的整体下降，主要由水泥、有色金属行业等高能耗行业淘汰低效、过剩、落后产能及单位产品／单位增加值能耗下降主导；二是发电结构清洁化，到 2035 年郑州市煤炭发电占比将下降至 50%，带来显著的碳减排效益。

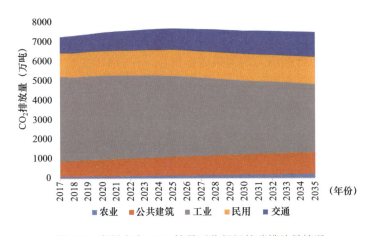

图 3-5　郑州市在 AQP 情景下分部门的碳排放量情况

对于民用部门和公共建筑部门，空气质量规划主要通过推进电气化来减少建筑部门的污染物排放，如煤改气、煤改电等；同时，考虑建筑节能改造和家电节能技术进步，建筑部门相对基准情景共产生了 117 万吨的碳减排量。然而，随着人民生活水平的提高、第三产业的快速发展，总体来看建筑部门能耗需求仍将增长，2035 年碳排放无法达峰。

对于交通部门，郑州市未来将调整交通运输结构，在货运、公共车辆中大力推行新能源汽车，相较基准情景到 2028 年可产生 7.2 万吨的碳减排量。但是，随着机动车保有量的增长，郑州市交通运输部门的总体能源需求和碳排放量仍将上升。

郑州市在 AQP 情景下不同能源使用及工业过程产生的碳排放量情况如

图 3-6 所示。其中，工业过程碳排放量主要是水泥生产过程中产生的碳排放量。总体来看，工业过程和煤炭消耗产生的碳排放量逐年减少，而石油、天然气和外购电力的碳排放量逐年增多。郑州市到 2035 年外购电力总量预计将从 2017 年的 150 亿千瓦时上涨到 250 亿千瓦时左右。由于单个城市的政策对电网总体排放系数的影响有限，因此本研究没有考虑电网排放系数的变化。但是，未来随着全国电力结构的清洁化，区域电网碳排放系数将下降，郑州市的外购电力间接碳排放量将低于当前估计值。

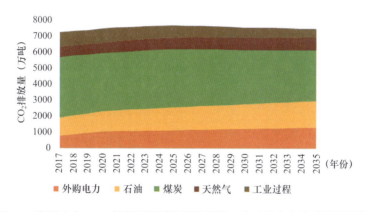

图 3-6　郑州市在 AQP 情景下不同能源使用及工业过程产生的碳排放量情况

第 4 章

石家庄市实现"双达"路径分析

4.1 石家庄市城市概况

石家庄市是河北省省会，地处河北省中南部，东与衡水市接壤，南与邢台市毗连，西与山西省为邻，北与保定市为界，距首都北京市 283 千米，市辖区总面积 15848 平方千米。2017 年年底，石家庄市常住人口 1088.0 万人，常住人口城镇化率为 61.6%。2017 年，石家庄市第一、第二、第三产业比例为 7.4∶45.1∶47.5，规模以上企业能源消费量为 2397.8 万吨标准煤，其中六大高能耗行业的能源消费量占比达 86.0%，汽车保有量达到 256 万辆，在全国城市中列第 13 位。

2013—2017 年石家庄市各污染物年度污染指标如表 4-1 所示。石家庄市 SO_2 和 CO 的年均指标已达到环境空气质量国家二级标准，但截至 2017 年年底石家庄市空气质量仍存在明显超标现象。其中，2017 年石家庄市 $PM_{2.5}$ 年均浓度为 86μg/m^3，超过环境空气质量国家二级标准限值 145.7%；PM_{10} 年均浓度为 158μg/m^3，超过环境空气质量国家二级标准限值 125.7%；NO_2 年均浓度为 54μg/m^3，超过环境空气质量国家二级标准限值 35.0%；O_3 日最大 8 小时值第 90 百分位浓度为 201μg/m^3，超过环境空气质量国家二级标准限值 24.3%。

表 4-1　2013—2017 年石家庄市各污染物年度污染指标

污　染　物	2013 年	2014 年	2015 年	2016 年	2017 年
$PM_{2.5}$	154	124	89	99	86
PM_{10}	305	206	147	164	158
SO_2	105	62	47	41	33
NO_2	68	53	51	58	54
$O_3\_8h\_90per$	173	161	148	164	201
CO_95per	5.7	4.2	4.3	3.9	3.6

注：1. $O_3\_8h\_90per$ 表示 O_3 日最大 8 小时值第 90 百分位浓度；CO_95per 表示 CO 日均值第 95 百分位浓度。

2. $PM_{2.5}$、PM_{10}、$O_3\_8h\_90per$、NO_2、SO_2 浓度单位为 $\mu g/m^3$，CO_95per 浓度单位 mg/m^3。

根据石家庄市的空气质量现状，结合可采取的行动措施，同时考虑《河北省生态环境保护"十三五"规划》《河北省"十三五"能源发展规划》《河北省打赢蓝天保卫战三年行动计划》《石家庄市打赢蓝天保卫战三年行动计划（2018—2020 年）》等相关规划，石家庄市制定了空气质量达标目标：到 2033 年，$PM_{2.5}$、PM_{10} 年均浓度基本达到环境空气质量国家二级标准，SO_2、CO、NO_2 年均浓度稳定达到环境空气质量国家二级标准；到 2035 年，O_3 浓度达到环境空气质量国家二级标准。

4.2　石家庄市基准年份排放特征分析

2017 年石家庄市大气污染物和 CO_2 排放分担率情况如图 4-1 所示。化石燃料固定燃烧源是石家庄市 SO_2 的重要排放源，其贡献率为 64.7%，主要来自民用燃烧、工业锅炉和电力供热。移动源为石家庄市最大的 NO_x 排放源，其贡献率为 42.9%，主要来自重型载货汽车、轻型载货汽车和拖拉机。扬尘源为石家庄市 PM_{10} 的重要排放源，其贡献率为 50.7%。工艺过程源为石家庄

市 $PM_{2.5}$ 和 VOCs 最大的排放源，其贡献率分别为 35.6% 和 54.8%。农业源为石家庄市 NH_3 的主要排放源，其贡献率为 86.0%。化石燃料固定燃烧源为石家庄市 CO_2 的主要排放源，其贡献率为 80.3%。

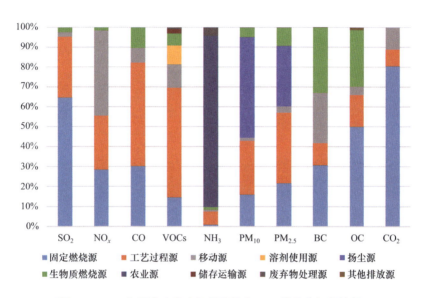

图 4-1　2017 年石家庄市大气污染物和 CO_2 排放分担率情况

4.3 经济与能源发展预测

4.3.1 经济发展预测

依据《石家庄市城市总体规划（2018—2035 年）》，基于中国人口预测系统（China Population Projection System，CPPS）的模拟结果，在仅考虑自然增长的情况下，石家庄市人口于 2028 年达到峰值，约为 1093.6 万人，2033 年约为 1093.3 万人。综合考虑经济增速及产业结构变化、经济发展效率等对人口机械增长的影响，石家庄市人口机械增长在 2030 年前后达到峰值，约为 1200 万人。基于趋势外推法、联合国法、Logistic 曲线回归法这三种方法对石家庄市城镇化水平进行综合预测，2033年石家庄市城镇化率达到77%。由城镇化率预测结果分析可得，2033年石家庄市城镇人口为925万人。

《中国能源展望2030》中提到，2016—2020年、2021—2025年、2026—2030年我国GDP年均增速分别为6.8%、5.5%、4.5%，结合《石家庄统计年鉴》中2008—2017年石家庄市的生产总值年均增长率，采用弹性系数法预测2033年石家庄市的生产总值为12112亿元。

4.3.2 能源发展预测

"十二五"期间，石家庄市认真贯彻落实河北省政府节能减排的工作部署，加快转变经济发展方式，注重能耗总量控制，万元GDP能耗稳步下降。《石家庄市"十三五"节能减排综合工作方案》提出，2020年，石家庄市万元GDP能耗比2015年降低18%，能源消费总量控制在4146万吨标准煤以内。通过促进传统产业转型升级、推动能源结构优化、提高能源利用效率、实施能源消费总量和强度双控行动，2021—2033年石家庄市万元GDP能耗有望持续下降。

2017年石家庄市总能耗为4444.9万吨标准煤，其中，煤炭消费量为3067.0万吨标准煤。在河北省统计局官方网站获取2005—2017年石家庄市的单位GDP能耗数据，根据单位GDP能耗法，预测2033年石家庄市的万元GDP能耗为0.42吨标准煤，能源消费总量为5095.3万吨标准煤左右。参考未来各类能源发展展望，预计2033年石家庄市煤炭消费量为2293.0万吨标准煤。2017年和2033年石家庄市各类能源消费量占比如图4-2所示。

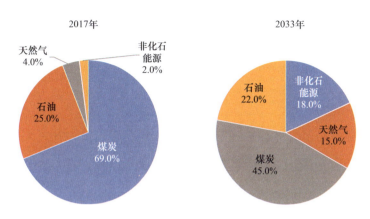

图 4-2 2017 年和 2033 年石家庄市各类能源消费量占比

4.4 重点减排任务与措施

▶▶ 4.4.1 加快调整能源结构，建设清洁低碳能源体系

2017 年石家庄市煤炭消费量占一次能源消费量比重达 69.3%，煤炭占比较高，需要加快能源结构调整。能源结构调整主要通过实施煤炭消费总量控制、构建清洁低碳取暖体系、推进可再生能源利用、提高能源利用效率等措施实现。

煤炭消费总量控制的措施主要有控制电厂用煤、削减非电厂用煤、高污染燃料禁燃区管理、煤炭清洁利用。通过综合减煤措施，到 2033 年石家庄市煤炭消费量占一次能源消费量比重将降到 45% 以下。

构建清洁低碳取暖体系的主要措施为扩大集中供热覆盖范围、有序推进工业集中供热、加快清洁能源供热热源建设、加强农村清洁能源供暖。2020 年石家庄市平原农村地区分散燃煤基本"清零"，到 2033 年石家庄市县级以上建成区全部实现集中供热和清洁能源供热。

推进可再生能源利用的主要措施是基本解决弃风、弃光问题，积极开展地热、风电、光伏和生物质能源利用项目建设，在具备资源条件的地方，鼓励发展县域生物质热电联产、生物质成型燃料锅炉及规模化生物质天然气。到 2033 年，石家庄市非化石能源消费量占能源消费总量比重达到 18% 以上。

提高能源利用效率的主要措施为实施能源消费总量和强度双控行动、加强重点能耗行业节能、积极推进建筑节能。到 2033 年，石家庄市城镇绿色建筑面积占新建建筑面积的比重提高到 80%。

▶▶ 4.4.2 调整优化产业结构，构建绿色低碳产业体系

根据 2017 年石家庄市污染源排放清单可知，石家庄市以主城区为中心，在半径 30 千米范围内共有工业企业 2500 余家。在石家庄市区周边有正定新区、循环化工园区、良村经济技术开发区、空港工业区、高新技术产业开发区等工业园区，形成了"工业围城"的布局，对石家庄城区空气质量产生了较大影响。另外，目前石家庄市传统产业集中度不高，并且工业园区虽然有主导产业划分，但部分进驻企业不符合园区功能定位。因此，要改变石家庄市的工业布局，必须推进城区污染企业搬迁、退城进园。到 2033 年，石家庄市各县（市）区实现在特色产业基地或园区，重点行业企业基本全部按主导功能入园。

在石家庄市规模以上企业中，六大高能耗行业企业占比达 85% 以上，食品工业、纺织服装业、石化工业、钢铁工业、建材工业等传统行业在工业存量中占比较高。石家庄市工业门类较为齐全，但产业结构较粗放，行业产能过剩严重，传统产业与高新技术产业发展不相称。对比周边省会城市或直辖市，石家庄市的单位 GDP 排放强度最高，因此，一方面需要通过严格控制"两高"行业产能、严格管理搬迁升级项目、严格控制新增燃煤项目建设、加

严涉 VOCs 项目建设等措施严格环境准入；另一方面需要重点推进钢铁、水泥、焦化、火电、铸造（精密铸造除外）、有色金属、碳素、钙镁、煤化工、陶瓷、砖瓦等行业压减低效过剩产能，优化产业结构。

▶▶ 4.4.3 深化重点行业污染治理，全面推行挥发性有机物整治

石家庄市工业规模较大，污染物排放在"2+26"城市范围内位居前列。2017 年，石家庄市 SO_2、NO_x、VOCs、NH_3、PM_{10} 和 $PM_{2.5}$ 总排放量在"2+26"城市范围内分别居第三位、第四位、第五位、第二位、第四位和第四位。

石家庄市工业企业清洁生产水平总体不高，还需要对工业企业进行深度治理。主要治理措施是，对钢铁、焦化、水泥、玻璃、耐材、陶瓷等非电行业进行提标改造，对工业炉窑、挥发性有机物进行专项整治，推进园区综合治理。预计到 2033 年，石家庄市重点行业企业可以实现有组织、无组织及物料体系全流程超低水平排放。

▶▶ 4.4.4 积极调整运输结构，完善绿色低碳交通体系

石家庄市调整运输结构的主要措施包括大幅提升铁路货运比例、大力发展多式联运、加快物流运输结构调整、加强绕城公路建设力度。通过鼓励钢铁、电力等重点企业，以及大型专业化物流园区、交易集散地新建或改扩建铁路专线，积极推进企业自建铁路专用线对外开放共用等措施，预计到 2033 年，石家庄市钢铁、电力等重点企业铁路专用线运输比例将达到 80% 以上。同时，加快空港、陆港建设，依托铁路物流基地、公路港等，推进多式联运和干支衔接型货运枢纽（物流园区）建设，完善正定机场周边集疏运通道；全面推广新能源物流配送车及新能源物流园区作业车等，完善配送中心内充电基础设施建设，打造绿色城市配送试点。

石家庄市绿色低碳交通体系的构建主要有以下三项措施。

首先，加快绿色公共交通建设，推进轨道交通建设，加快快速公交系统（Bus Rapid Transist，BRT）规划建设，优化调整地铁进出站口、公交站点布置，实现公共交通"无缝衔接"，到 2033 年石家庄市公共交通机动化分担率达到 70% 以上；在集中办公区域或商贸区域研究规划"零排放行驶区域"。

其次，优化在用车队构成，到 2033 年，石家庄市公交车、环卫车、邮政车、出租车、通勤车、轻型物流配送车等全部更换为新能源车。由于石家庄市老旧车辆、高排放柴油车对大气污染物排放贡献率较大，因此还需要加大老旧车辆淘汰力度和重型柴油车整治力度。到 2033 年，石家庄市力争淘汰全部国四及以下排放标准的柴油车，以及国三及以下排放标准的汽油车，具备条件的柴油货车安装柴油机颗粒物捕集器和选择性催化还原装置。另外，石家庄市要大力提高重型货车环保检查力度。

最后，推动非道路移动源污染治理。石家庄市非道路移动机械排放量较高。主要的非道路移动机械大气污染防治措施包括：划定并公布禁止使用高排放非道路移动机械的区域，实施非道路移动机械第四阶段排放标准，积极推广非道路移动机械"油改电"。

▶▶ 4.4.5　优化调整用地结构，推进面源污染治理

石家庄市扬尘源的 PM_{10} 排放量超过工业源和民用源的排放量，因此有必要加强对扬尘源的管控。在施工扬尘方面，新建和在建建筑、市政、拆除、公路、水利等各类工地在严格落实"六个百分百"要求的基础上进一步提档升级。加大装配式建筑建造，到 2033 年，石家庄市新建建筑适合装配式建造的，全部采用装配式建造。在道路扬尘方面，推行"以克论净、深度保

洁"的作业模式,加强城乡结合部道路维修,完成各县(市、区)乡村道路维修、黄土路硬化工作,加大村镇道路的保洁力度,到 2025 年,石家庄市平均降尘量控制在 5 吨/(月·平方千米)以内。在工业堆场方面,对重点区域的煤场、料场、渣场实现在线监控和视频监控 100% 覆盖。

石家庄市畜禽养殖规模较大,农业氨排放量较高,因此要加强农业面源污染控制。一是禁止农作物秸秆露天焚烧,建立和完善秸秆收储体系,促进秸秆资源化利用;二是大力发展低碳农业,到 2033 年基本实现农业废弃物趋零排放,同时化肥利用率达到 50% 以上。

另外,调整用地结构需要实施绿色碳汇工程,通过加大矿山整治、平原绿化行动、城市土地硬化和复绿、农村裸露土地治理等措施大幅增加城市绿地面积,到 2033 年石家庄市森林覆盖率达到 50% 以上,城市绿地内裸露土地绿化治理率达到 90% 以上。

4.5 减排潜力分析

基于石家庄市 2017 年大气污染源排放清单,通过预测 2033 年石家庄市新增机动车排放量和天然气排放增量,根据石家庄市能源结构、产业结构、交通结构、用地结构的调整规划,以及重点行业的末端治理措施,预测可得,2033 年石家庄市相对于 2017 年将实现 SO_2、NO_x、VOCs、NH_3 和一次 $PM_{2.5}$ 排放总量分别下降 72.6%、72.2%、53.1%、49.0% 和 71.7%。

对比各类措施发现,对 SO_2 减排贡献最高的措施是燃料清洁化替代,约占减排总量的 29.8%;对 NO_x 减排贡献最高的措施是移动源污染防治,约占减排总量的 42.2%;对 VOCs 减排贡献最高的措施是挥发性有机物治理,约占减排总量的 33.3%；对 NH_3 减排贡献最高的措施是农业面源污染治理，约占减排总量的 89.7%；对 $PM_{2.5}$ 减排贡献最高的措施是化解过剩产能，约占减排总量的 26.0%；对 CO_2 减排贡献最高的措施是电力结构调整及深度治理，约占减排总量的 39.8%（见图 4-3）。

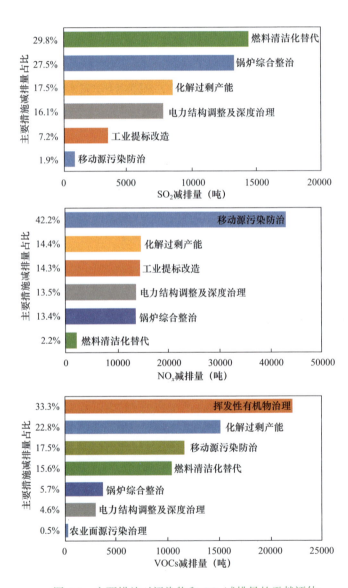

图 4-3 主要措施对污染物和 CO_2 减排量的贡献评估

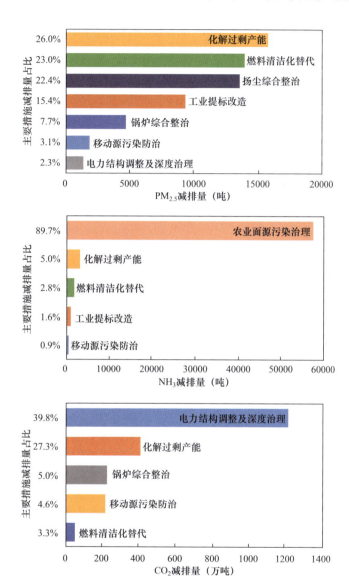

图 4-3　主要措施对污染物和 CO_2 减排量的贡献评估（续）

4.6 空气质量达标分析

基于 WRF-CMAQ 空气质量模型大气环境容量迭代计算方法，模拟石家庄市硫酸盐、硝酸盐、一次 $PM_{2.5}$ 占 $PM_{2.5}$ 平均比例，以石家庄市 $PM_{2.5}$ 年均浓度达标为约束目标，制订 SO_2、NO_x、NH_3、一次 $PM_{2.5}$、VOCs 的减排方案，基于空间差异化的减排方案，迭代创建新的排放清单，并进行数值模拟迭代计算。迭代模拟结果表明，相对于 2017 年的基准排放量，石家庄市本地 SO_2、NO_x、NH_3、一次 $PM_{2.5}$、VOCs 分别减排 60.0%、70.0%、45.0%、70%、50.0%，$PM_{2.5}$ 的模拟浓度低于达标限值 $35.0\mu g/m^3$。通过减排措施评估，预计石家庄市 2033 年的排放量可以满足达标状态下的大气环境容量。

基于上述石家庄本地污染物减排比例，建立 2033 年石家庄市排放清单，综合考虑石家庄市本地减排和周边区域减排的影响。通过模拟结果可知，污染控制措施实施后，到 2033 年，石家庄市 $PM_{2.5}$ 浓度相对 2017 年下降 63.9%，达到 $31.0\mu g/m^3$ 左右，其中在仅考虑本地减排影响情况下预计 $PM_{2.5}$ 浓度下降 $38.0\mu g/m^3$，受周边污染传输减少影响的 $PM_{2.5}$ 浓度降幅为 $17.0\mu g/m^3$；PM_{10} 年均模拟浓度相对 2017 年下降了 63.3%，2033 年估计浓度为 $58.0\mu g/m^3$；NO_2 年均模拟浓度相对 2017 年下降了 57.1%，2033 年估计浓度为 $23.2\mu g/m^3$；SO_2 年均模拟浓度相对 2017 年下降了 80.0%，2033 年估计浓度为 $6.5\mu g/m^3$；CO 年均模拟浓度相对 2017 年下降了 4.1%，2033 年估计浓度为 $0.52mg/m^3$；O_3 日最大值 8 小时第 90 百分位浓度相对 2017 年上升了 1.5%，2033 年估计浓度为 $201.0\mu g/m^3$。因此，2033 年石家庄市主要大气污染物 $PM_{2.5}$、PM_{10}、SO_2、NO_2、CO 均可达到环境空气质量国家标准。

在巩固既有大气污染整治成效的基础上，全面深化能源结构、产业结构和交通结构调整优化，全面淘汰老旧车辆、推广应用新能源车及全面替代为低 VOCs 原辅材料，推动区域空气污染联防联控，创新环境管理政策措施，提升企业主动治污积极性。基于上述措施，到 2035 年，石家庄市 O_3 将达到环境空气质量国家二级标准。

4.7 碳排放达峰预测分析

使用 LEAP 模型模拟预测的石家庄市长期碳排放量情景如图 4-4 所示，在排放清单基础上增加了外购电力的间接碳排放量。在 BAU 情景（基准情景）下，各部门的能源结构和能源强度改善不大，但随着整体产业结构调整、第二产业占比下降，碳排放量增速也将趋缓，最终在 2030 年左右达到峰值。在 AQP 情景（空气质量达标情景）下，即在石家庄市空气质量于 2033 年达标情景下，石家庄碳排放量可在 2020 年达到峰值（9560 万吨），此后将持续下降。相较于 BAU 情景，在 AQP 情景下石家庄市 2025 年、2030 年、2035 年的碳排放量分别减少了 846 万吨、1348 万吨、1582 万吨。

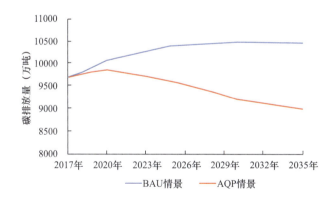

图 4-4 使用 LEAP 模型模拟预测的石家庄市长期碳排放量情景

石家庄市在 AQP 情景下分部门的碳排放量情况如图 4-5 所示。

工业部门到 2033 年相对在基准情景下的碳排放量产生了 1340.6 万吨的碳减排量。分终端部门和转换部门来看，工业终端碳排放量的主要贡献行业为钢铁、化工和水泥等，其中，钢铁部门由于消耗大量的煤和焦炭，对工业碳排放总量的变化趋势起到决定性作用。随着未来产能压减政策的实施，钢铁产量逐渐下降，工业终端部门碳排放量自 2017 年起逐渐下降。在转换部门方面，在 AQP 情景下石家庄市将逐渐减少外送电量以解决"煤电围城"带来的空气质量问题，同时光电和其他清洁电源的占比到 2035 年将升至 15% 以上，电力部门碳排放总量可在 2030 年左右达到峰值。综合来看，石家庄市工业部门碳排放量于 2018 年达到峰值，然后持续下降。

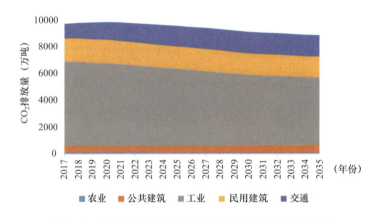

图 4-5　石家庄市在 AQP 情景下分部门的碳排放量情况

商业建筑和民用建筑部门的能耗需求和碳排放量仍未达峰，但通过取缔民用散煤、推广集中供热，能源利用效率将大幅上升，相对在基准情景下的碳排放量，到 2033 年产生了 279 万吨的碳减排量。

交通部门总体能源需求量和碳排放量未能达峰，原因有两个方面：一方面，小客车保有量继续增长，物流需求持续上升；另一方面，交通领域电气化的减排需要清洁电力的支持，但石家庄本地煤电占比仍然较高，相对在基准情景下的碳排放量，2033 年的碳排放量反而增加了 157 万吨。未来，石家庄市应严控煤电装机规模，加快现役煤电机组节能升级和灵活性改造。

石家庄市在 AQP 情景下不同能源使用及工业过程产生的碳排放量如图 4-6 所示，其中，工业过程碳排放量主要是水泥生产过程中产生的碳排放量。总体来看，工业过程碳排放量略微下降；煤炭消耗产生的碳排放量显著下降，而天然气使用产生的碳排放量逐年上升，主要是由于煤炭使用量的削减，以及工业、民用部门的终端用能类型从煤炭向天然气转变。石油消耗产生的碳排放量在 2025 年左右达到峰值，然后平缓下降，主要得益于货运部门交通运输结构的改善，以及机动车全面电动化。

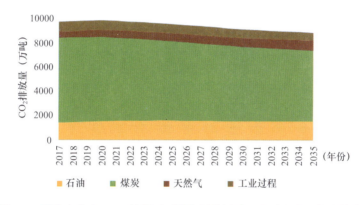

图 4-6 石家庄市在 AQP 情景下不同能源使用及工业过程产生的碳排放量

第 5 章

湖州市实现"双达"路径分析

5.1 湖州市城市概况

湖州市位于浙江省北部,东邻嘉兴市,南接杭州市,市辖两区三县,市域面积为5820平方千米。2017年,湖州市常住人口达到299.5万人,城镇化率为62.0%;第一、第二、第三产业比例为5.1∶47.4∶47.5,煤炭消费量占能源消费总量的49.6%,机动车保有量突破73.4万辆。

2013—2017年湖州市各污染物年度污染指标如表5-1所示。湖州市PM_{10}、NO_2、SO_2和CO的年均指标均已达到环境空气质量国家二级标准限值,但截至2017年年底湖州市空气质量仍存在超标现象。2017年,湖州市$PM_{2.5}$年均浓度为42.2μg/m³,超过环境空气质量国家二级标准年均浓度限值约20.6%;$PM_{2.5}$日均值第95百分位浓度为95.0μg/m³,超过环境空气质量国家二级标准24小时平均浓度限值约26.7%;O_3日最大8小时值第90百分位浓度为186.6μg/m³,超过环境空气质量国家二级标准限值约16.6%。总体来说,湖州市$PM_{2.5}$年均浓度近5年虽然呈现下降趋势,但仍未达标,是需要优先控制的污染物;湖州市O_3浓度超标率居高不下,严重影响达标天数比例,需要重点控制。

表 5-1　2013—2017 年湖州市各污染物年度污染指标

污　染　物	2013 年	2014 年	2015 年	2016 年	2017 年
$PM_{2.5}$	74.2	64.2	57.6	46.9	42.2
PM_{10}	110.6	86.9	75.6	68.9	63.9
$O_3\_8h\_90per$	181.0	166.0	189.5	195.0	186.6
NO_2	52.0	48.2	40.0	36.5	38.2
SO_2	28.5	21.8	16.8	17.4	14.7
CO_95per	1.9	1.4	1.6	1.3	1.3

注：1. $O_3\_8h\_90per$ 表示 O_3 日最大 8 小时值第 90 百分位浓度；CO_95per 表示 CO 日均值第 95 百分位浓度。
　　2. $PM_{2.5}$、PM_{10}、$O_3\_8h\_90per$、NO_2、SO_2 浓度单位为 μg/m³，CO_95per 浓度单位 mg/m³。

考虑湖州市的空气质量现状，以及可采取的行动措施，依据《浙江省生态环境保护"十三五"规划》《湖州市能源发展"十三五"规划》等相关规划，湖州市制定了空气质量达标目标：2020 年，$PM_{2.5}$ 浓度基本达到环境空气质量国家二级标准，PM_{10}、SO_2、CO、NO_2 浓度稳定达到环境空气质量国家二级标准要求；到 2025 年，O_3 浓度达到环境空气质量国家二级标准要求。

5.2　湖州市基准年份排放特征分析

2017 年湖州市大气污染物和 CO_2 排放分担率如图 5-1 所示。工艺过程源是湖州市 SO_2、NO_x、PM_{10}、$PM_{2.5}$ 和 VOCs 最大的排放源，排放量占比分别为 55.0%、42.2%、48.6%、32.0% 和 35.3%；农业源是湖州市 NH_3 的最大贡献源，排放量占比为 63.7%；固定燃烧源是湖州市 CO_2 的最大贡献源，占比为 77.0%。

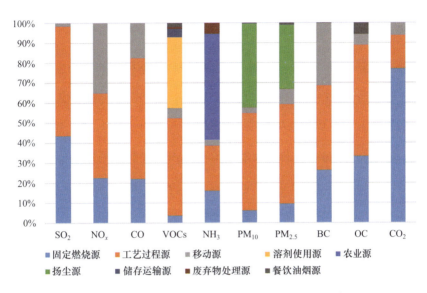

图 5-1　2017 年湖州市大气污染物和 CO_2 排放分担率

5.3　经济与能源发展预测

▶▶ 5.3.1　经济发展预测

依据《湖州市城市总体规划（2017—2035 年）》，以及近年湖州市人口历史增长趋势，2020 年湖州市常住人口达到 303.7 万人。综合考虑经济增速及产业结构变化、经济发展效率等对人口机械增长的影响，通过线性插值法预测湖州市城镇化率约为 63.8%。由城镇化率结果分析可得，2020 年湖州市城镇人口为 193.8 万人。根据历史数据推算，2018—2020 年湖州市生产总值年均增速为 6.8%，结合《湖州统计年鉴》中 2008—2017 年湖州市生产总值年均增长率，采用弹性系数法预测得到 2020 年湖州市生产总值为 2842.8 亿元。

5.3.2 能源发展预测

根据《湖州市能源发展"十三五"规划》，湖州市将大力发展天然气等清洁能源，到 2020 年，湖州市能源需求总量为 1299 万吨标准煤左右。其中，煤炭消费量为 800 万吨左右，占一次能源消费量的比例从 2017 年的 49.6% 下降到 2020 年的 40.0% 左右；天然气消费量占一次能源消费量的比例从 2017 年的 6.9% 提高到 2020 年的 10% 左右，到 2020 年天然气消费量达到 107000 万立方米，较 2017 年增加 43853 万立方米；非化石能源消费量占一次能源消费量的比例从 2017 年的 16.9% 提高到 2020 年的 18% 左右，清洁能源占比显著提高（见图 5-2）。

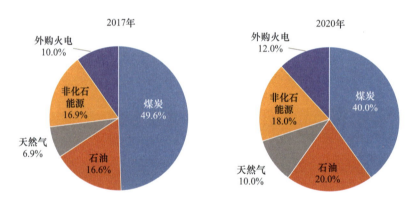

图 5-2 2017 年和 2020 年湖州市能源结构

5.4 重点减排任务与措施

5.4.1 加快调整能源结构，建设清洁低碳能源体系

湖州市 2017 年煤炭消费量占一次能源消费量的比例为 49.6%，规模以上企业的煤炭消费量占煤炭消费总量的比例达到 83.6%，清洁能源占比较低，

因此需要加快能源结构调整。

能源结构调整策略如下。

一是控制煤炭消费总量，到 2020 年湖州市煤炭消费量占一次能源消费量的比例降至 40% 以下。

二是深入推进高污染燃料设施淘汰，2019 年年底前湖州市基本淘汰了 35 蒸吨 / 小时以下燃煤锅炉，取缔燃煤热风炉；有色金属行业基本淘汰了燃煤干燥窑、燃煤反射炉、以煤为燃料的熔铅锅等；基本淘汰了热电联产供热管网覆盖范围内的燃煤加热、烘干炉（窑）；大力淘汰炉膛直径 3 米以下的燃料类煤气发生炉。

三是提升清洁能源利用水平，一方面，加快天然气供应能力建设，到 2020 年天然气消费量占全市一次能源消费量的比例达到 10%；另一方面，积极发展光伏、地热能等非化石能源规模化利用，到 2020 年湖州市非化石能源消费量占比提高到 18% 左右。

四是提高能源利用效率，实施百项重大节能示范项目，全面推进能效提升，到 2020 年万元 GDP 能耗较 2015 年下降 18.5%。

五是加大绿色建筑推广力度，到 2020 年湖州市城镇新建民用建筑实现一星级绿色建筑全覆盖，二星级以上绿色建筑比例达到 20% 以上。

5.4.2　调整优化产业结构，构建绿色低碳产业体系

湖州市 2017 年三种产业结构比重为 5.1∶47.4∶47.5，第二产业、第三产业占比相当，第一产业所占比例偏低。湖州市工业能源消费主要集中于八大高能耗行业，2017 年八大高能耗行业增加值占规模以上工业增加

值比重为 42.6%，而能耗占规模以上工业能耗总量的 75.8%。湖州市需要加快原有工业体系绿色化改造，大力发展低能耗、高附加值的新兴产业和高端制造业，着力推动传统制造行业低碳化改造。通过关停淘汰、整治入园、规范提升等方式，2020 年年底前湖州市全面完成建材、木业行业的转型升级工作，工艺装备、产品品质、污染控制和碳排放水平均达到国内先进水平。

一方面，需要严格环境准入，钢铁、焦化、电解铝、铸造、水泥、平板玻璃等产业禁止新增产能，搬迁或改建项目实行污染物排放量两倍削减替代；同时，提高 VOCs 排放重点行业环保准入门槛，控制新增 VOCs 污染物排放量。

另一方面，以重点推进建材、涂装、铸造、漆包线、化工、化纤、印花、印染、钢琴、木业、塑料制品等高污染行业转型为重点，加快淘汰一批能耗超标、污染严重的落后产能、工艺和设备。2018 年年底前，湖州市关停 16 家黏土砖瓦企业、1 家水泥粉磨生产企业；2019 年年底前，湖州市关停 1 家水泥粉磨生产企业、3 条水泥熟料生产线。

▶▶5.4.3　深化重点行业污染治理，全面推行挥发性有机物整治

湖州市工业企业清洁生产水平总体不高，亟待建立完善的"一厂一策一档"制度，将烟气在线监测数据作为执法依据，加大超标处罚和联合惩戒力度，推进工业污染源全面排放达标。重点行业污染深度治理采取的主要措施有，实施燃煤电厂深度治理、加严锅炉烟气排放标准、提升重点行业废气治理水平、开展工业炉窑整治专项行动、实施挥发性有机物专项整治、全面推进重点园区废气治理、强化工业企业无组织排放管控等。

5.4.4 积极调整运输结构，完善绿色低碳交通体系

2018年，湖州市公路货运量和水路货运量分别占货运总量的61.2%和38.8%，货物运输仍以公路运输为主。湖州市运输结构调整的主要思路为，发挥水路、铁路在大宗物资长距离运输中的骨干作用，提高水路、铁路货运比例，依托内河港口、公路港和铁路物流基地等，推进多式联运型和干支衔接型货运枢纽（物流园区）建设，加快推广集装箱多式联运。到2018年年底前，湖州市建设5个多式联运型和干支衔接型货运枢纽（物流园区）。另外，促进适箱货物集装箱化运输，提升"陆改水、散改集"的运输比例。

湖州市绿色低碳交通体系建设方案如下：首先，实施"公交优先"战略，到2020年公共交通机动化分担率达到20%以上；其次，积极推广新能源车，新增及更新的公交车、环卫车、邮政车、出租车、通勤车、轻型物流配送车等的新能源或清洁能源车使用比例达到100%。2018年年底前，湖州市区公交车实现100%纯电动化。到2020年年底前，湖州市出租车新能源或清洁能源车使用率达到94%。

此外，需要加强在用机动车和船舶的深度治理。第一，提高机动车排放标准，提前实施机动车第六阶段排放标准，推广使用达到国六排放标准的燃气车辆。第二，推进老旧车辆淘汰，到2025年基本淘汰国三及以下排放标准的柴油车。第三，加强重型货车治理，建立"天地车人"一体化的全方位监控体系，实施在用车辆排放检测与强制维护制度，推广加装柴油机颗粒物捕集器和选择性催化还原装置。第四，对于非道路移动机械，研究建立非道路移动机械排放清单动态更新制度，划定非道路移动机械低排放控制区，同时加快混合动力、纯电动、燃料电池等清洁能源在非道路移动机械上的应用推广。第五，对于船舶，积极引导水运业主淘汰使用时间超过20年的内河航运

船舶，同时积极推广使用电力、天然气等新能源或清洁能源船舶，到 2020 年实现全市内河港口岸电力基本全覆盖。

▶▶ 5.4.5 优化调整用地结构，推进面源污染治理

湖州市用地结构优化调整的主要措施为加强扬尘管理、开展农业面源污染治理、加大绿色碳汇。

1. 加强扬尘管理

施工扬尘管理主要是指，积极创建绿色工地，全面落实"七个百分之百"长效机制，大力实施装配式建筑建造，2020 年年底前全市新建建筑中装配式建筑占比不低于 30%。

道路扬尘管理主要是指，严格落实清扫保洁质量标准，加快推进道路机械化清扫，到 2020 年实现高速公路、国省道机械化清扫率 100%，各县（区）平均降尘量不得高于 5 吨/（月·平方千米）。

堆场扬尘管理主要是指，所有煤堆场和卸煤场所等全面启动防风抑尘设施建设，其中，内河易扬尘码头地面硬化率达到 100%，堆场喷淋设施覆盖率达到 100%。

2. 开展农业面源污染治理

一是全市禁止秸秆露天焚烧，实行秸秆禁烧网格化监管机制，全面推广秸秆利用产业化，2020 年全市秸秆综合利用率达到 95% 以上。

二是加强畜禽粪污资源化利用，2018 年年底完成存栏量 500 头以上的生猪养殖场整治；同时大力推进种植业化肥农药减量增效，到 2020 年化学农药使用量比 2017 年减少 6%，化肥利用率达到 40% 以上。

3. 加大绿色碳汇

一是加快全国绿色矿业发展示范区建设，2020年全市绿色矿山建成率达到100%，扎实推进"矿山复绿"专项行动，2019年年底前完成所有"矿山复绿"工作。

二是持续推进绿化造林，加大森林城市、森林城镇创建力度，建设城市绿道绿廊，实施"退工还林"，大力提高城市建成区绿化覆盖率。到2020年湖州市森林保有量达到420万亩，平原林木绿化率达到29%以上，森林覆盖率达到48.5%。

5.5 减排潜力分析

基于湖州市2017年大气污染源排放清单，结合2020年湖州市机动车和天然气的排放增量，根据湖州市能源结构、产业结构、交通结构、用地结构的调整规划，以及对重点行业的末端治理计算可得，2020年相对于2017年实现SO_2、NO_x、VOCs、NH_3和一次$PM_{2.5}$排放总量分别下降28.0%、33.8%、38.5%、12.0%和39.9%。

通过对比各类措施发现，对SO_2减排贡献最高的措施是水泥产能淘汰及超低排放改造，约占减排总量的40.4%；对NO_x减排贡献最高的措施是水泥产能淘汰及超低排放改造，约占减排总量的65.2%；对VOCs减排贡献最高的措施是挥发性有机物治理，约占减排总量的71.5%；对$PM_{2.5}$减排贡献最高的措施是扬尘综合整治，约占减排总量的47.9%；对NH_3减排贡献最高的措施是农业面源污染治理，约占减排总量的85.7%；对CO_2减排贡献最高的措施是水泥产能淘汰，约占减排总量的65.1%（见图5-3）。

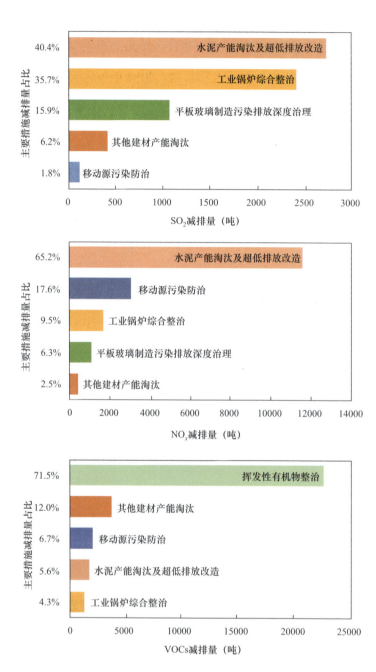

图 5-3 主要措施对污染物和 CO_2 减排的贡献评估

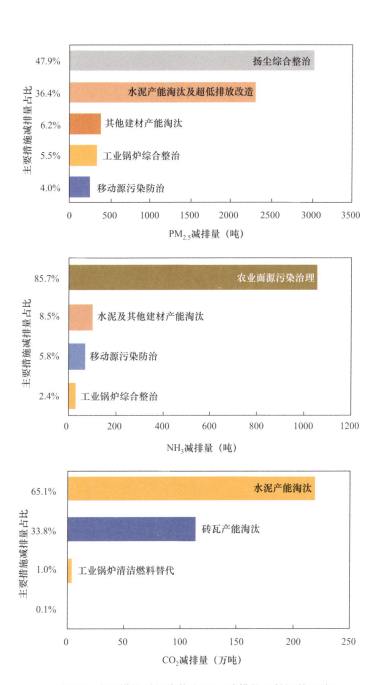

图 5-3　主要措施对污染物和 CO_2 减排的贡献评估（续）

5.6 空气质量达标分析

基于 WRF-CMAQ 空气质量模型大气环境容量迭代计算方法，模拟湖州市硫酸盐、硝酸盐、铵盐、一次 $PM_{2.5}$ 占 $PM_{2.5}$ 的平均比例，以湖州市 $PM_{2.5}$ 年均浓度达标为约束目标，制订 SO_2、NO_x、NH_3、一次 $PM_{2.5}$、VOCs 的减排方案，基于空间差异化的减排方案，迭代创建新的排放清单，并进行数值模拟迭代计算。迭代模拟结果表明，相对于 2017 年的基准排放，湖州本地 SO_2、NO_x、NH_3、一次 $PM_{2.5}$、VOCs 分别减排 26.7%、28.6%、10.0%、28.9%、20.0%，$PM_{2.5}$ 的模拟浓度低于达标限值 35.0μg/m³。通过减排措施评估，预计湖州市 2020 年大气污染物排放量可满足达标状态下的大气环境容量。

基于上述湖州市本地污染物减排比例，建立 2020 年湖州市排放清单，综合考虑湖州市本地减排和周边区域减排的影响，对 2020 年湖州市主要大气污染物模拟年均浓度展开分析。分析模拟结果可知，污染控制措施实施后，到 2020 年，湖州市 $PM_{2.5}$ 浓度相对 2017 年下降 23.7%，达到 32.2μg/m³ 左右，其中，仅考虑本地减排影响，$PM_{2.5}$ 浓度下降 8.3μg/m³，达到 33.9μg/m³ 左右，受周边污染传输减少影响的 $PM_{2.5}$ 浓度降幅为 1.7μg/m³；O_3 日最大 8 小时值第 90 百分位浓度相对 2017 年下降 3.1%，2020 年估计浓度为 180.8μg/m³；PM_{10} 年均模拟浓度相对 2017 年下降 28.6%，2020 年估计浓度为 45.6μg/m³；NO_2 年均模拟浓度相对 2017 年下降 17.9%，2020 年估计浓度为 31.4μg/m³；SO_2 年均模拟浓度相对 2017 年下降 11.8%，2020 年估计浓度为 13.0μg/m³；CO 日均值第 95 百分位浓度相对 2017 年下降 4.1%，2020 年估计浓度为 1.2mg/m³。因此，2020 年湖州市主要大气污染物 $PM_{2.5}$、PM_{10}、SO_2、NO_2、CO 浓度可达到环境空气质量国家二级标准，O_3 污染未出现明显恶化。

到 2025 年，随着能源结构、产业结构和交通结构的全面深度调整优化，老旧车辆的全面淘汰、新能源车的推广应用、低 VOCs 原辅材料的全面替代，推动区域空气污染联防联控，创新环境管理政策措施，提升企业主动治污积极性，湖州市 O_3 将达到环境空气质量国家二级标准。

5.7 碳排放达峰预测分析

使用 LEAP 模型模拟预测湖州市长期碳排放量情景，如图 5-4 所示，在排放清单基础上增加了外购电力的间接碳排放量。在 BAU 情景（基准情景）下，各部门的能源结构转型和节能技术应用进程较为缓慢，但随着整体产业结构调整、高能耗行业工业占比下降、外购电力增加，碳排放量增速也将趋缓，最终在 2030 年左右达到峰值。在 AQP 情景（空气质量达标情景）下，为了使湖州市空气质量在 2020 年达标，2017—2020 年湖州市关停数家水泥、砖瓦企业。水泥行业是高能耗、高碳排放行业（包括燃料燃烧排放和生产过程排放两个部分），这一举措将带来显著的碳减排效益，使得湖州市碳排放量在 2017 年就达到峰值（碳排放量为 9560 万吨）。2020 年后，湖州市的碳

图 5-4　使用 LEAP 模型模拟预测湖州市长期碳排放量情景

排放量基本保持平稳，不再出现大幅上升，2028年开始缓慢下降。相较于BAU情景下的碳排放量，在AQP情景下2020年、2025年、2030年湖州市的碳排放量分别减少346万吨、382万吨、455万吨。

湖州市在AQP情景下分部门的碳排放量情况如图5-5所示。

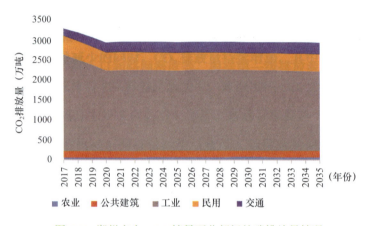

图5-5　湖州市在AQP情景下分部门的碳排放量情况

到2020年，相对于基准情景下的碳排放量，工业部门碳减排量达到334万吨。具体而言，工业终端碳排放量的主要贡献行业为非金属矿物制造业、建筑业等。随着未来高新技术产业（生物医药、新能源及节能、新材料、光机电一体化、电子信息、资源与环境六大领域产业）占比的逐步提升及工业节能技术的升级，湖州市工业部门碳排放量在2017—2020年出现明显下跌后继续平稳下降。

在电力部门方面，AQP情景下外购电力比例不断增大，同时光伏发电、水电、风电和其他清洁电源发电占比显著上升，电力部门碳排放量自2017年起持续下降。

空气质量政策对公共建筑领域的减排作用较弱，到2020年相对基准情景的碳减排量为7.6万吨，能耗需求量和碳排放量仍未达峰。湖州市属于冬冷夏热地区，无大面积长时间采暖需求，未来民用部门碳排放量的增加主要是由居民用电需求增加引起的。

交通部门未来将继续推进电气化进程和运输结构调整，但主要集中在货运、公共车辆领域，减排效果并不显著，碳减排量为2.1万吨。未来小客车保有量的增长将使交通部门总体能源需求量和碳排放量继续上升。

湖州市在AQP情景下的不同能源使用及工业过程产生的碳排放量如图5-6所示。工业过程碳排放量主要是水泥生产过程中产生的碳排放量，其和水泥产量的变化情况一致，2017—2020年出现明显下降。煤炭消耗产生的碳排放量显著下降，天然气消耗产生的碳排放量则逐年上升，反映了煤炭使用量的削减及终端用能类型从煤炭向天然气的转变。交通部门是石油制品的主要消耗者，随着湖州市机动车保有量的持续增加，石油使用产生的碳排放量仍未达峰。但是，由于千人机动车保有量逐渐饱和，交通结构逐渐改善，货运车辆和公共车辆电动化进程加速，石油使用产生的碳排放量增速逐渐减缓。在AQP情景下，2030年湖州市外购电力将从2017年的20亿千瓦时增加到56亿千瓦时左右，外购电力间接碳排放量占比逐渐增大。

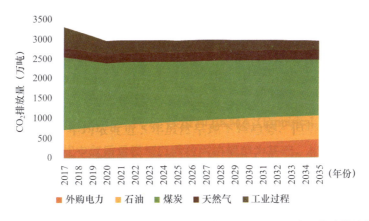

图5-6 湖州市在AQP情景下的不同能源使用及工业过程产生的碳排放量

第6章 结论与讨论

6.1 方法总结

本研究建立了"经济—能源—排放"耦合动态响应分析方法,以及城市空气质量达标与碳排放达峰协同分析框架,并选取了郑州市、石家庄市、湖州市三个城市作为典型案例进行分析。该协同分析框架从城市大气污染物和温室气体排放清单出发,结合 WRF-CMAQ 空气质量模型、LEAP 模型等,可实现政策与技术干预条件下的能源和碳排放量计算,分析目标年份城市空气质量情况与碳排放量变化情况,进而因地制宜地提出城市"双达"实现方案。

目前,我国城市空气质量管控政策及标准体系相比城市碳排放管控政策及标准体系更具体、更完善。因此,本研究首先从案例城市概况、环境空气质量现状及大气污染物排放特征出发,根据空气质量改善达标要求设定了以 $PM_{2.5}$ 浓度达标为重点的城市空气质量达标期限,基于城市排放清单和模式模拟结果识别空气质量达标的关键问题,通过迭代法计算各污染物最大允许排放量,结合排放源解析结果、城市减排潜力和城市规划制订减排方案,得到未来的能源技术情景和相应的碳排放量。验证目标可达性后,即可确定城市空气质量达标路径;同时,通过分析在该情景下的碳排放情况,可以得到空气质量目标导向下城市的碳达峰情况，并进一步分析各部门的碳减排效益。基于以上分析和实地调研结果，本研究为案例城市从产业结构调整、能源结构调整、交通结构调整、污染物控制技术等多个方面提出了空气质量达标和碳达峰政策建议。

6.2 结论与启示

6.2.1 分类型城市"双达"策略

1. 综合服务型城市

郑州市属于综合服务型城市，尽管郑州市单位 GDP 碳排放水平不高，但其具有较高的经济发展水平和人口数量，碳排放绝对量较高，因此在协同控制方面可以尝试提出碳排放总量控制目标。同类的城市有北京市、天津市、上海市、重庆市、广州市、深圳市、南京市、杭州市、太原市等，多为直辖市或省会城市。

工业是综合服务型城市能耗和排放量占比最大的部门，协同减排的重点集中在提供二次能源的能源生产工业（发电和供热）及部分重工业，具体措施包括淘汰老旧基础设施、技术升级及清洁能源替换。从产业结构来看，应持续增强产业科技创新策源功能，加快产业智能化改造和数字化转型，大力培育生物医药、新一代信息技术、人工智能、新材料、新能源、节能环保等先进制造业集群。同时，挖掘节能和能效提升的巨大潜力，开展交通和建筑等领域的减排行动。

在民用方面，综合服务型城市的城区用能终端已经高度电气化，人均污染物排放量较低，主要应当提倡居民采用节能生活方式，控制能源使用总量。同时，应当通过补贴等方式继续重点推进城郊和农村地区民用散煤的清洁能源替代。

在交通方面，人口稠密且处于大气防治区域的综合服务型城市可采取"限购"等措施控制机动车保有总量，倡导使用公共交通工具，同时利用日常"限行"措施缓解交通拥堵。另外，提前实施下一阶段机动车排放标准和先进的燃油经济性标准，加快淘汰高污染、高能耗的老旧车辆；可出台相应补贴政策，在公共领域、民用领域大力推广新能源汽车，同时完善充电桩等基础设施的建设。

2. 工业生产型城市

工业生产型城市又可以细分为重工业型城市与轻工业型城市。

1) 重工业型城市

石家庄市属于重工业型城市，为国民经济各部门提供物质基础的主要生产资料的工业是其支柱产业。石家庄市高能耗企业多，工业耗煤量大，单位GDP 碳排放量相对较高，空气质量问题相对严峻。同类的城市有唐山市、邯郸市、包头市、赤峰市、马鞍山市、洛阳市、长春市、汉中市等。

总体而言，重工业型城市未来应当紧紧围绕资源节约型、环境友好型社会建设的需要，加快发展节能环保和资源循环利用技术和装备。在供给侧结构性改革的大背景下，该类城市应当培育转换新动能、抓住发展新机遇，实现转型发展。

在工业方面，重工业型城市应当优先从水泥、钢铁、化工、有色金属等高能耗、高污染的重点行业的基础设施入手，通过技术升级、节能改造、压减过剩产能和淘汰落后产能等方式，降低支柱型重工业基础设施的能源消耗强度，通过工业锅炉改造、电机系统节能、工业余热利用提高支柱行业能源效率。同时，重工业型城市应当提高电力、热力生产行业的加工转化效率，淘汰落后的小火电机组，鼓励工业企业自备电厂煤改气、采用热电联产、建设分布式能源站。

在民用方面，重工业型城市应推动民用散煤的清洁能源替代，实施住宅节能改造、提升住宅保暖性能，推广新型清洁高效燃煤炉具。

在交通方面，重工业型城市应当加严机动车排放标准、提高燃油经济性，以及在公共交通、运输车辆中推广清洁能源车。重工业型城市普遍涉及钢铁、建材、化工等行业的大宗物料运输，应当重点推动柴油货运汽车"公转铁""公转水"和多式联运，进一步优化大宗货物运输方式。

2）轻工业型城市

轻工业型城市以主要提供生活消费品和制作手工业品的工业为支柱产业，是我国出口的传统优势产业。轻工业的能耗水平一般较重工业和能源生产行业低。轻工业型城市数量较多，如潍坊市、莆田市、新乡市、潮州市、泸州市、巴彦淖尔市、延边朝鲜族自治州等。

在工业方面，轻工业型城市未来应当稳定发展传统产品，大力推动轻工业产业技术升级，同时加快高新技术产业发展。轻工业型城市的协同减排应当重点关注能源生产工业（主要为电力和热力供应）、重工业和支柱轻工业。鼓励工业企业自备电厂煤改气、采用热电联产及建设分布式能源站。由于轻工业准入门槛较低，多数产品产能供过于求，还可能存在一些不规范的"散乱污"企业，因此应当推进轻工业集群化，以提高生产效率、降低生产成本、减少能耗。

在民用方面，轻工业型城市应推动民用散煤的清洁能源替代，实施住宅节能改造、提升住宅保暖性能，推广新型清洁高效燃煤炉具。

在交通方面，轻工业型城市应当加严机动车排放标准，提高燃油经济性及在公用车辆中推广清洁能源车辆。

3. 高新技术型城市

湖州市属于高新技术型城市，第二产业和第三产业占比较高，并且工业中高新技术工业增加值占比较高，碳排放总量和强度基数不高。高新技术工业具有技术密集型、资本密集型等特点，能耗强度远低于其他工业。高新技术型城市有无锡市、常州市、苏州市、扬州市、中山市、惠州市、佛山市等，多分布在珠江三角洲、长江三角洲等经济较为发达、经济开放程度较高的地区。

在能源方面，高新技术型城市应推动交通、能源、产业、建筑等多个方面由化石能源向非化石能源转型，大幅提高用能终端的电气化水平，构建以电力为中心的、多种能源形式互补的新型能源系统，同时实现电力行业"低碳转型"。另外，高新技术型企业应提高可再生能源比重，加大绿色电力调入力度，在多领域实施电能替代，加大电力在终端能源消费中的比例。

在工业方面，高新技术型城市应当继续加大研发投入，引导企业向绿色化、智能化、数字化方向转型、升级，推动技术进步，发挥产业集群效应；进一步提升新技术工业所占比例，倡导发展节能环保、生物制药、新能源、新材料等低碳产业，有助于提高排放源效率水平，推动协同减排。

在建筑方面，高新技术型城市应当大力发展绿色建筑，主要包括采用节能材料施工、安装节能环保电器设备、对老旧房屋进行节能改造等。

在交通方面，高新技术型城市应当将绿色交通作为发展方向，加严机动车排放标准，提高燃油经济性，不断提升新能源汽车所占比重，有序引导老旧机动车辆淘汰与报废，强化船舶、非道路移动机械的排放治理。

6.2.2 城市"双达"共性经验

总结郑州市、石家庄市和湖州市三个案例城市的"双达"策略，各污染物对应的碳排放量减排贡献最大的几类具体措施如表6-1所示。工业企业末端控制措施和淘汰落后产能对 SO_2、NO_x、$PM_{2.5}$ 减排会起到重要作用。对 CO_2 减排效果较好的措施则主要是电力结构调整和落后产能淘汰，这得益于化石燃料使用量及工业过程排放量的大幅削减。不同污染物来源有差异，对应的最优减排措施也存在着明显差异，特别地，如 VOCs 的减排措施为挥发性有机物治理，其仅对 VOCs 起到针对性减排作用。

表 6-1 各污染物对应的碳排放量减排贡献最大的几类具体措施

物 种	措 施
SO_2	工业提标改造、重点行业落后产能淘汰、燃料清洁化替代
NO_x	移动源污染防治、工业提标改造、重点行业落后产能淘汰
VOCs	挥发性有机物治理
$PM_{2.5}$	扬尘综合整治、化解过剩产能、工业提标改造
NH_3	农业面源污染治理
CO_2	电力结构调整、重点行业落后产能淘汰

末端治理类的措施，如工业提标改造是实现空气质量达标的重要保障，但往往不具有碳减排协同效益。为实现"双达"目标，除末端控制措施外，必须进行能源结构、产业结构和交通结构的深度调整，这为培育城市经济增长新动能、倒逼绿色低碳转型提供了契机，是城市未来可持续发展的重要驱动力。工业部门及电力、热力生产部门是碳减排协同效益最大的部门。电力结构调整、落后产能淘汰等政策具有显著的碳减排协同效益，是各城市应当优先考虑的措施。

第 6 章 结论与讨论

进一步总结能够同时改善空气质量、实现 CO_2 减排的协同政策，包括总量控制、电力结构调整、工业节能改造、落后产能淘汰、燃煤锅炉淘汰、民用燃料清洁化、运输结构调整、增加绿色碳汇等措施，如表 6-2 所示。需要指出的是，外购电力及机动车电动化政策的减排情况与电力结构有很大关系，再例如，火电比例高并不一定具有协同效益，这也凸显了电力清洁化的重要性。例如，外购电力政策能够有效地减少城市本地的污染物排放，但会引起生产电力城市污染物排放的增加，并且由于目前火电能源转换效率低于 50%，当生产电力城市的电力结构以火电为主时反而可能导致碳排放总量增加。

表 6-2 具有碳减排协同效益的政策

部门	领域	具体政策	是否具有协同效益
电力	总量控制	严格控制燃煤机组新增装机规模	+
		加快淘汰 30 万千瓦以下燃煤机组	+
		增加可再生能源发电，替代本地燃煤发电	+
		加大绿色外购电力引入，减少本地燃煤发电	+
		燃煤机组替换为燃气机组	+
		淘汰企业自备燃煤机组	+
	提高能效	优化电厂运行调度，高效电厂分担低效电厂负荷	+
		加快高效发电技术研发及应用，压减单位供电煤耗	+
	末端控制	电厂超低排放改造	−
		电厂无组织强化管控	−
		电厂碳捕集资源化技术研发及应用	/
工业	产业结构调整	严格控制高污染、高能耗行业环境准入	+
		淘汰落后、低效产能，压减过剩产能	+
		整治"散乱污"企业	+
		发展节能环保、新能源等绿色低碳产业	+
	优化能源结构	严格控制新增燃煤项目	+
		淘汰燃煤小锅炉	+
		燃煤锅炉电能替代	+
		燃煤锅炉天然气替代	+
		实施工业炉窑燃煤电力替代	+
		实施工业炉窑燃煤天然气替代	+

（续表）

部　门	领　域	具体政策	是否具有协同效益
工业	优化能源结构	建设"高污染燃料禁燃区"	+
		提高重点行业能源利用效率	+
		严控煤炭质量，确保含硫率符合要求	/
	源头管控	加强VOCs企业原辅材料源头控制	/
	末端控制	强化锅炉末端控制	－
		工业炉窑实施提标改造	－
		重点工业行业实施提标改造	－
		强化工业企业无组织排放治理	－
	重污染应急	季节性污染排放调控，实施重污染应急减排工程	+
交通	总量控制	控制机动车保有量	+
	源头管控	加严机动车和非道路移动机械排放标准	/
		加强油品质量升级与监管	/
		降低机动车使用强度	+
		淘汰国三及以下排放标准柴油货车	+
	末端控制	推动高排放车辆、道路移动机械及船舶等深度治理	/
		加强油气回收治理和监管	－
	提高能效	提高燃油经济性，减少平均油耗	+
	优化能源结构	推广新能源车辆、非道路移动机械和船舶*	+
	运输结构调整	提高铁路、水路货运比例，发展多式联运	+
		建设城市绿色物流体系	+
		完善公共交通，提高公众公交出行率	+
		发展推广"低排放行驶区域"	+
建筑	提高能效	全面执行绿色建筑设计标准	+
		积极发展超低能耗建筑	+
		实施既有建筑节能改造	+
		全面推广装配式建筑	+
民用	源头管控	提倡低碳生活方式，实施节能产品补贴	+
	提高能效	推广新型清洁高效节能炉具	+
	优化能源结构	实施冬季取暖"煤改电"	+
		实施冬季取暖"煤改气"	+
		实施冬季取暖"煤改集中供热"	+
		实施冬季取暖"煤改可再生能源"	+
		加快农业设施和服务业燃煤电能替代	+

（续表）

部　门	领　域	具体政策	是否具有协同效益
民用	优化能源结构	加快农业设施和服务业燃煤天然气替代	+
		提高煤炭质量，使用低灰、低硫的洁净煤和型煤	+
	末端控制	鼓励油烟深度治理，安装高效油烟净化装置	−
土地利用	用地结构调整	扬尘综合治理	/
		农业源氨排放治理	/
		禁止秸秆焚烧	+
		推进绿化碳汇工程	+

注：+ 代表具有空气质量改善和碳减排协同效益；
　　− 代表具有空气质量改善效益，但对碳减排有负效益；
　　/ 代表仅具有空气质量改善效益或碳减排效益；
　　* 推广电动车的协同效益与电力结构有关，当电力结构以火电为主时可能存在 SO_2 增排的情况[28]。

三个案例城市分二级排放源减排贡献如图 6-1 所示。在空气质量目标下，工业部门和电力供热部门是碳减排协同效益最大的部门，产业结构调整、压减高耗能产品产量、工业技术进步可产生显著的协同效益，对碳减排贡献占比均达 80% 以上。对于民用部门和交通部门，现有的空气质量政策主要为加严排放标准和推进电气化进程，能带来较为显著的空气质量改善效益，但碳减排协同效益较小。考虑到人民生活水平提高、人口数量的增长和未来物流行业的发展，城市民用部门和交通部门的未来能源需求在较长一段时间内难以达峰，其碳排放量在碳排放总量中的占比将逐渐上升。

未来，城市工业部门依靠节能技术发展、产能压减的碳减排空间将逐渐缩小，碳减排重点将向产业结构调整转移。同时，城市应当进一步关注对民用部门和交通部门能源需求总量的控制，以及燃料结构低碳化转型，否则仍然存在碳排放量回弹的风险。

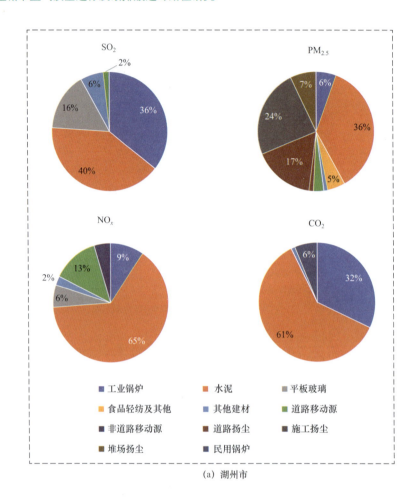

(a) 湖州市

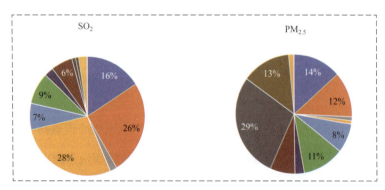

图 6-1 三个案例城市分二级排放源减排贡献

第6章 结论与讨论

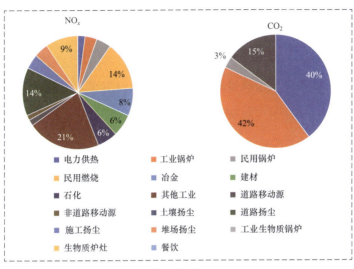

(b) 石家庄市

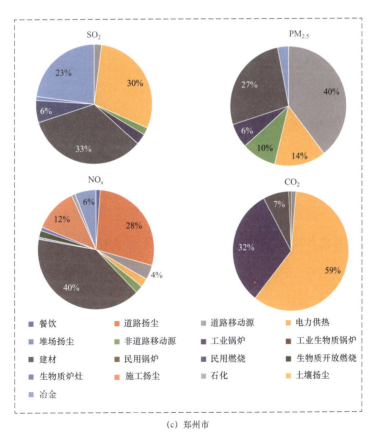

(c) 郑州市

图 6-1 三个案例城市分二级排放源减排贡献（续）

注：此处 CO_2 计算的是直接排放量，未计算电力和热力二次能源分配值。

本研究中三个典型案例城市的碳排放达峰均在空气质量达标（$PM_{2.5}$浓度 $<35\mu g/m^3$）前实现（见表6-3）。在民用部门、交通部门的碳减排政策乏力的情况下，典型案例城市碳排放达峰由工业部门主导。例如，湖州市关停水泥、砖瓦厂，石家庄市压减钢铁产能，郑州市压减水泥、碳素产能，三个典型案例城市都在中短期内快速削减化石燃料尤其是煤炭的使用量，进而驱动碳达峰的实现。

表 6-3　案例城市"双达"时间表

城　市	预测碳达峰时间	空气质量达标年份
湖州市	2017 年	2020 年
郑州市	2025 年	2028 年
石家庄市	2020 年	2033 年

现有的数据显示，也有城市呈现相反的特征。例如，深圳市 $PM_{2.5}$ 浓度 2014 年已经达到环境空气质量国家二级标准，但碳排放量预计在 2020 年才能实现达峰[29]。城市空气质量达标对各类污染物排放的绝对量提出了要求，而碳达峰则对碳排放量的相对变化（逐年下降）提出了要求。"双达"时间受到城市现有空气质量状况、经济发展情况、减排措施等多重因素的影响，由于研究的案例城市数量还较少，因此目前尚无法得出城市碳排放达峰和空气质量达标时间之间存在的规律性联系，有待未来进一步开展研究。

围绕城市"双达"目标综合政策制定，本书提出以下几点建议。

（1）排放清单是进行"双达"目标研究的基础。为保证数据统计口径的一致性，城市应对大气污染物和温室气体排放监测、统计体系进行整合，建立含有排放源分类分级、活动水平、排放系数、末端控制等信息的城市融合排放清单基础数据库。参照本研究中介绍的方法建立高分辨率城市网格化的

大气污染物和 CO_2 排放清单后,可结合排放清单数据和空气质量情况对污染成因进行分析,对各污染物的来源进行解析,以识别碳减排的重点领域。

(2)从城市自身的定位和规划出发,统筹考虑大气污染物和温室气体减排协同效益。综合服务型城市应提出明确的空气质量改善目标和碳减排目标,将其作为"十四五"时期生态环境领域攻坚战的重点。为此,城市应当加强环保能力建设,增强科技支撑能力,注重对大气污染物和 CO_2 减排协同效益机理,以及城市空气质量达标和碳排放达峰评估方法的研究。另外,由于在确定协同减排路径时涉及多部门的协商,城市应当建立有效的沟通机制。

(3)为确保措施的顺利实施,城市应当进行措施成本有效性分析和可行性分析。设立目标后,城市应当综合考虑社会、经济、能源等各方面因素,优化减排策略,最终形成减排潜力大、综合成本低、切实可行的工作方案,并建立科学的政策预评估、跟踪评估和后评估方法体系,定期评估和优化策略。根据已开展工作城市的经验来看,末端控制成本较高、产业结构调整困难是城市"双达"工作中的挑战。

(4)完善相关制度,保障政策落地实施。城市应当加强执法监管能力,深入推进网格化环境监管工作;整合碳排放交易制度和排污许可证管理等污染源管理制度,降低企业和政府管理成本;建立协同考核机制,探索整体考核体系下的融合考核手段。

(5)强化区域协同减排。大气污染物传输分析的结果表明,周边地区对郑州市、石家庄市、湖州市的 $PM_{2.5}$ 浓度年均传输影响率分别为34.5%、43.4%、32.2%。若大气污染物不能实现区域协同减排,则目标城市空气质量达标难度较大。另外,在考虑外购电力时,区域电网碳排放系数的降低有利于目标城市的碳减排。因此，区域协同减排对城市实现"双达"至关重要。

6.3 不确定性讨论

本书搭建的"双达"协同分析框架，耦合了排放清单、措施评价、排放预测、数值模拟等多种技术手段，涉及种类繁多的大量基础数据。整个分析过程不可避免地存在不确定性，以下选取排放清单和数值模拟两个核心环节，具体阐述不确定性的来源与归因。

6.3.1 排放清单的不确定性

在排放清单编制过程中，排放量的不确定性来源主要包括以下几个方面。

（1）数据缺失。数据缺失是排放清单编制过程中最重要的不确定性来源之一，主要表现为缺乏合理的排放系数信息和真实的活动水平数据。

（2）数据的代表性。在排放清单编制过程中，使用的排放系数或其他参数不能合理代表估算对象的排放特征，或者所采用数据的来源缺乏代表性等，会导致排放清单估算的不确定性。

（3）可变性。在排放清单编制过程中，通常使用多次排放源测试的平均值来代表某一类排放源的排放特征和排放量大小。即使在同一类排放源中，由于排放个体工艺水平、燃料类型、控制水平等因素的差异，其排放情况也会存在可变性，这种可变性会导致排放系数或排放清单估算的不确定性。

（4）数据来源不规范。在排放清单编制过程中，数据收集缺乏统一标准规范、数据使用存在不一致性、替代数据的选择存在不合理性等，由此带来的数据来源质量问题也是排放清单不确定性的来源之一。

6.3.2 数值模拟的不确定性

本书采用空气质量模型数值模拟方法开展基准年份 $PM_{2.5}$、NO_2、SO_2、O_3 等大气污染物的浓度模拟，进而评估区域传输影响、大气环境容量及减排方案在目标规划年份的可达性。在数值模拟过程中，研究区域本地的网格化排放清单、空气质量模型、气象模型和周边地区排放的传输影响，均会导致大气污染物浓度模拟的不确定性，具体分析如下。

（1）排放清单引起的不确定性。在排放清单编制过程中，排放源遗漏、排放系数和活动水平等关键数据缺失或代表性不足，以及时空分配、化学物种分配等过程均会导致数值模拟结果的不确定性。例如，$PM_{2.5}$ 形成机理比较复杂，其各项前体物组分排放量难以估算，对颗粒物 $PM_{2.5}$ 的准确模拟有很大影响；O_3 的生成受 NO_x 或 VOCs 影响，排放清单中 NO_x、VOCs 排放量误差将传递至 O_3 浓度模拟过程中。

（2）空气质量模型模拟的不确定性。本书利用空气质量模型 WRF-CMAQ 对郑州市、石家庄市、湖州市的空气质量开展模拟，空气质量模型的复杂性和输入参数较多等因素，均会给大气物理过程和化学过程的模拟带来不确定性，即空气质量模型模拟结果不可避免地存在一定的误差。

（3）不同年份气象条件差异的不确定性。研究目标年份（郑州市为 2028 年、石家庄市为 2033 年、湖州市为 2020 年）与基准年份（2017 年）的气象条件存在一定的差异，本书在预测目标年份的空气质量时采用了基准年份的气象条件，这会给模拟结果带来一定的误差。

（4）周边地区排放的传输影响。周边地区排放对研究区域的大气污染物存在一定的传输影响。在目标年份，研究区域周边大气污染物排放结构和变化幅度与研究假定会存在一定差异，这将给模拟结果带来不确定性。

参考文献

[1] 唐倩，陈潇君，黄宇，雷宇，薛文博，闫祯. 城市空气质量达标路线图制定技术方法研究——以武汉市为例[J]. 环境污染与防治，2019，41（12）：1512-1516.

[2] 中国碳中和与清洁空气协同路径年度报告工作组. 中国碳中和与清洁空气协同路径2021[R]. 北京：中国清洁空气政策伙伴关系，2021.

[3] IRENA. Renewable energy and climate pledges: Five years after the Paris Agreement[R]. 2020-12.

[4] QUÉRÉ, C. L., MORIARTY, R., ANDREW, R. M., et al. Global carbon budget 2014[J]. Earth System Science Data, 2015, 7(1): 47-85.

[5] Shan, Y., Guan, D., Zheng, H., et al. China CO_2 emission accounts 1997-2015[J]. Scientific Data, 2018, 5(1): 170-201.

[6] Peters, G. P., Andrew, R. M., Canadell, J. G., et al. Carbon dioxide emissions continue to grow amidst slowly emerging climate policies[J]. Nature Climate Change, 2020, 10: 3-6.

[7] 王灿，邓红梅，郭凯迪，刘源. 温室气体和空气污染物协同治理研究展望[J]. 中国环境管理，2020，4: 5-12.

[8] 薛婕，罗宏，吕连宏，赵娟，王晓. 中国主要大气污染物和温室气体的排放特征与关联性[J]. 资源科学，2012（8）：1452-1460.

[9] 贺晋瑜. 温室气体与大气污染物协同控制机制研究[D]. 太原：山西大学，2011.

[10] 中国清洁空气联盟. 中国空气质量管理评估报告2016[R]. 北京：中国清洁空气联盟，2016.

[11] AYRES, R. U., WALTER, J. The greenhouse effect: Damages, costs and abatement[J]. Environmental and Resource Economics, 1991, 1(3): 237-270.

[12] IPCC. Climate Change 2007: Mitigation-Contribution of Working Group III to the fourth Assessment Report of the Intergovernmental Panel on Climate Change[M]. Cambridge: Cambridge University Press, 2007.

[13] IPCC. Climate Change 2014: Mitigation of Climate Change-Contribution of Working Group III to the fifth Assessment Report of the Intergovernmental Panel on Climate Change[M]. Cambridge: Cambridge University Press, 2014.

[14] IPCC. Global Warming of 1.5℃[Z]. An IPCC Special Report on the Impacts of Global Warming of 1.5℃ above Pre-industrial Levels and Related Global Greenhouse Gas Emission Pathways, in the Context of Strengthening the Global Response to the Threat of Climate Change, Sustainable Development, and Efforts to Eradicate Poverty. 2018.

[15] IPCC. Climate Change 2022: Impacts, Adaptation and Vulnerability-Contribution of Working Group II to the Sixth Assessment Report of the Intergovernmental Panel on Climate Change[M]. Cambridge: Cambridge University Press, 2022.

[16] Tong, D., Cheng, J., Liu, Y., et al. Dynamic projection of anthropogenic emissions in China: Methodology and 2015-2050 emission pathways under a range of socio-economic, climate policy, and pollution control scenarios[J]. Atmospheric Chemistry and Physics, 2020, 20(9): 5729-5757.

[17] Cheng, J., Tong, D., Liu, Y., Yan, L., Geng, G., & Zhang, Q. Health benefits of reduced $PM_{2.5}$ emissions of China's carbon peak, carbon neutrality, and clean air policies[J]. 2021, in prep.

[18] Cheng, J., Tong, D., Zhang, Q., et al. Pathways of China's $PM_{2.5}$ air quality 2015-2060 in the context of carbon neutrality[J]. National Science Review, 2021, 8(12): 12.

[19] Lu, Z., Huang, L., Liu, J., Zhou, Y., Hu, J. Carbon dioxide mitigation co-benefit analysis of energy-related measures in the Air Pollution Prevention and Control Action Plan in the Jing-Jin-Ji region of China[J]. Resources, Conservation& Recycling, 2019, X, 1: 100006.

[20] Zheng, B., Zhang, Q., Steven, J. D., et al. Infrastructure Shapes Differences in the Carbon Intensities of Chinese Cities[J]. Environmental Science & Technology, 2018, 52(10): 6032-6041.

[21] Shan, Y., Guan, D., Hubacek, K., et al. City-level climate change mitigation in China[J]. Science Advances, 2018, 4(6): eaaq0390.

[22] Zheng, B., Cheng, J., Geng, G., et al. Mapping anthropogenic emissions in China at 1 km spatial resolution and its application in air quality modeling[J]. Science Bulletin, 2021, 66, 6: 612-620.

[23] 贺克斌，等 . 城市大气污染物排放清单编制技术手册[R]. 北京：清华大学，2018.

[24] Liu, J., Tong, D., Zheng, Y., et al. Carbon and air pollutant emissions from China's cement industry 1990–2015: Trends, evolution of technologies, and drivers[J]. Atmospheric Chemistry and Physics, 2021, 21: 1627-1647.

[25] Liu, Z., Guan, D., Wei, W. et al. Reduced carbon emission estimates from fossil fuel combustion and cement production in China[J]. Nature, 2015, 524, 335-338.

[26] 薛文博，许艳玲，史旭荣，雷宇 . 我国大气环境管理历程与展望[J]. 中国环境管理，2021，13（05）：52-60.

[27] Zheng, B., Huo, H., Zhang, Q., et al. High-resolution mapping of vehicle emissions in China in 2008[J]. Atmospheric Chemistry and Physics, 2014, 14: 9787-9805.

[28] 宇恒可持续交通研究中心，等. 城市交通大气污染物与温室气体协同控制技术指南1.0 版 [R]. 北京：能源基金会，2019.

[29] 唐杰，等. 深圳市碳排放达峰、空气质量达标、经济高质量增长协同"三达"研究报告[R]. 北京：能源基金会，2019.